자연이 만든 가장 완벽한 도형,
나선

The Perfect Shape

Spiral Stories

자연이 만든 가장 완벽한 도형, 나선

외위빈 함메르 지음 | 박유진 옮김

자연이 만든 가장 완벽한 도형, 나선

지은이 외위빈 함메르
옮긴이 박유진
펴낸이 이리라

책임 편집 이여진
본문 디자인 에디토리얼 렌즈
표지 디자인 엄혜리

2018년 6월 5일 1판 1쇄 펴냄

펴낸곳 컬처룩
등록 2010. 2. 26 제2011 - 000149호
주소 03993 서울시 마포구 동교로 27길 12 씨티빌딩 302호
전화 02. 322. 7019 ㅣ 팩스 070. 8257. 7019 ㅣ culturelook@daum.net
www.culturelook.net

Translation from the English language edition:
The Perfect Shape : Spiral Stories
by Øyvind Hammer
Copyright © Spring International Publishing AG 2016
The Springer imprint is published by Springer Nature
The registered company is Springer International Publishing AG
All Rights Reserved
Korean Translation Copyright © 2018 by Culturelook, Seoul, Korea
This Korean edition was published by arrangement with Springer International Publishing AG through
Agency-One, Seoul.

ISBN 979 - 11 - 85521 - 56 - 5 03410

culturelook

머리말   9

1   심해의 나선형   13

2   나선 전시장   17

3   욕조 속의 털보 선생   21

4   나선의 상징   26

5   황금 나선에 대한 근거 없는 통념   31

6   나선 에너지   37

7   돌돌 말기   41

8   달팽이왕   50

9   경이로운 나선   57

10   불운한 나방과 삐딱한 매   67

11   둥근 테셀레이션   71

12   밧줄과 소총   89

13   잃어버린 나선형들의 바다   95

14   하늘의 광대한 나선형   98

15   나선 계단   105

16 옛 뱃사람의 나선형   111

17 그노몬, 기적, 찰스 배비지   116

18 고불고불한 식물   126

19 진자와 은하   133

20 맥주 캔 쥐는 법   138

21 막간에 해변에서   144

22 텔레비전이 나선형이던 시절   147

23 네 이웃을 사랑하라   153

24 나선형 둑, 타틀린의 탑   156

25 이제 이야기가 복합적으로 전개된다   161

26 치명적인 나선형   166

27 등반가들의 친구   170

28 역사 속 미궁   173

29 뉴턴의 골칫거리였던 나선   178

30 바다의 조각 작품   182

31 새점을 치던 신관들의 나선형   197

32 원을 네모지게 만들기   199

33 네브래스카주의 악마 같은 비버들   203

34 겨우살이 아래에서   207

35 나선이 쌍을 이루면 재미도 두 배   216

36 소용돌이 220

37 진흙 속의 보물 231

38 아원자 입자들이 휘갈겨 그린 선 234

39 발톱과 이빨이 피로 붉게 물든 자연 239

40 커피, 케플러, 범죄 244

41 뒤러의 비밀 249

42 시간의 심연에서 나온 나선형 253

43 아르키메데스식 추진 256

44 미라에 감긴 붕대 풀기 263

45 이교도들의 나선형 270

46 화장지에 관한 고찰 287

47 유쾌한 핵미사일 사고 290

48 살리그람실라와 비슈누의 손 296

49 최고의 나선형을 찾아서 302

50 참 이상한 물고기 310

51 마음속의 나선형들 313

52 거미의 나선형 집 321

53 뒤틀린 나무에 얽힌 수수께끼 324

맺음말 329
감사의 말 330
부록 A: 수학 공식 · 정리 유도 331
부록 B: 프로그램 코드 340

사진 출처 346
참고 문헌 349
찾아보기 355

일러두기
- 한글 전용을 원칙으로 하되, 필요한 경우 원어나 한자를 병기하였다.
- 한글 맞춤법은 '한글 맞춤법' 및 '표준어 규정'(1988), '표준어 모음'(1990)을 적용하였다.
- 외국의 인명, 지명 등은 국립국어원의 외래어 표기법을 따랐으며, 관례로 굳어진 경우는 예외를 두었다.
- 독자의 이해를 돕기 위해 옮긴이와 컬처룩 편집부가 설명한 경우는 각주(■)로 했다.
- 사용된 기호는 다음과 같다.

  논문, 영화, 미술 작품 및 잡지 등 정기 간행물: 〈 〉

  책(단행본): 《 》

요동치는 계곡물의 소용돌이, 은하의 장엄한 소용돌이 형상, 곱슬곱
슬한 어린아이의 머리카락, 햇빛이 비치는 열대 바닷속의 오밀조밀한
조개껍데기, 청동기 시대 유럽의 완벽한 황금 장식, 미노타우로스의
미궁과 무시무시하고도 우아한 뿔, 거대한 검출기로 탐지하는 아원자
입자들의 상형 문자 같은 이동 경로, 포세이돈을 기리는 고대 그리스
신전의 소용돌이형 기둥머리 장식, 일각돌고래의 엄니(고대인들이 익히
알던 대로라면 유니콘의 뿔), 목성 곳곳의 거세면서도 고요한 폭풍, 우리
귀의 깊고 어두운 안쪽에 있는 달팽이관, 수학의 복소평면에 나타나
는 이런저런 곡선, 잡초투성이 정원의 덩굴 식물, 해바라기의 꽃잎과
씨앗이 이루는 패턴, 르네상스식 궁전의 회전 계단, DNA의 분자 구
조, 블랙홀 주위의 강착 원반, 부서지는 파도, 곶 뒤편의 황금빛 모래
사장, 공격 태세를 취한 독사, 범선 갑판 위에 둘둘 말아 놓은 밧줄, 우
리가 손을 펼칠 때 손가락 끝이 지나는 길.

모두 나선형이다.

나선형처럼 아름답고 신비로우며 영원한 느낌을 강렬하게 불러
일으키는 도형은 없다. 주기적이지만 반복적이진 않고 끝없지만 무한

하진 않은 나선은 분명 '완벽한 도형'일 것이다. 어릴 때 그리는 첫 그림이자 장식 미술에서 아주 인기 많은 요소인 나선은 그 소용돌이 모양으로 우리를 몰입시키며 우리 마음을 사로잡는다. 나는 20여 년 전에 나선형 화석을 연구하다 그 매력에 푹 빠졌는데, 때때로 인터넷상에서 가여운 다른 사람들과 마주치기도 한다. 그들은 나와 똑같은 증상, 즉 여기저기서 나선형이 보이고 그에 대해 남들에게 얘기하지 않곤 못 배기는 극심한 증상을 보인다. 조심하시라. 이것은 경고다. 감수성이 예민한 분은 이 책을 읽지 않는 편이 좋을 것이다.

인류 문화가 발생한 이후로 나선은 줄곧 영적 상징으로서 태양 등을 나타내거나, 순례자가 깨달음에 서서히 접근하며 빙빙 돌아서 가는 여로, 이를테면 단테의 《신곡》에 나오는 연옥산을 오르는 길 같은 것을 나타냈다. 그런 '영혼의 나선'에 대해 지금까지 몇몇 책이 저술되었다. 그 밖에 물리학이나 생물학에서 나선을 학문적으로 다룬 좋은 책들도 있다. 이 책은 다를 것이다. 이 책은 여러 에세이를 나선과 다소 비슷한 구조로 엮어 놓은 것인데, 그 공통된 주제를 중심으로 빙빙 돌듯이 내용을 전개하며 폭넓은 지식을 다룬다. 나선이라는 주제는 자연, 문화, 지성의 풍요로움을 찬양할 길을 열어 준다.

수학적인 내용도 더러 나올 텐데, 너무 어렵지 않았으면 한다. 별로 관심이 없는 분이라면 수식은 건너뛰어도 좋다. 그런 수식을 넣은 이유는 그것이 보기 좋기 때문이기도 하고, 내가 꾸며 낸 이야기만 하고 있는 것이 아님을 보여 주기 위해서이기도 하다. 시중에 나와 있는 책과 인터넷상에 있는 나선 관련 자료는 미로처럼 복잡단하며 망상과 착각과 오해, 즉 사실상 근거도 없이 무한정 되풀이되는 어지러운 이야기로 가득하다. 그 얽히고설킨 매혹적인 나선 전설들은 즐거움을 선사하지만 큰 좌절감 또한 안겨 준다. 나는 자료의 진위를 확인해 보았고 계산도 직접 해 보았지만, 아직 오류가 남아 있더라도 놀라지 않을 것이다. 오류를 발견하면 알려 주시길!

지금부터 소용돌이를 따라 도는 스릴 넘치는 여행이 시작된다. 아무쪼록 이 여행을 즐기길 바란다.

노르웨이 오슬로에서

외위빈 함메르

1

심해의 나선형

깊은 바닷속의 진흙으로 이루어진 셰일이라는 퇴적암이 있다. 바다가 융기하면서 드러나게 된 셰일은 세계 도처에서 발견된다. 지질학자들은 이 퇴적암에서 '스피로라페Spirorhaphe'라는 흥미로운 흔적 화석을 종종 발견했다. 지름이 약 30cm되는 완벽한 나선 모양을 한 스피로라페는 석회화한 바다 밑바닥에 마치 청동기 시대 장신구처럼 자신을 드러내고 있다. 지질학자들은 스피로라페가 아무리 늦춰 잡아도 4억 6000만 년 전의 고생대 오르도비스기에 처음 형성되었으며, 이후에도 계속해서 만들어졌던 것으로 보았다. 이 나선형 화석은 어떻게 생겨난 것일까? 한동안 과학자들은 그런 기이한 섭식 흔적을 남긴 생물이 이미 멸종해 더 이상 정체를 알 수 없게 되었다고 판단해 왔다(그림 1.1).

그러던 중 1962년 과학자들이 카메라 한 대를 남서태평양의 케르마데크 해구 속으로 내려 보냈다. 이때 현대판 스피로라페라고 할 수 있는 멋진 흔적들이 마침내 카메라에 포착되었다(Bourne & Heezen,

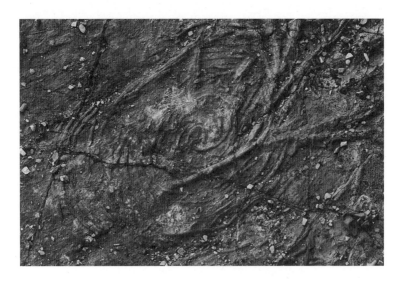

그림 1.1　스페인에서 발견한 2000만 년쯤 된 흔적 화석 스피로라페.

1965). 그렇게 찍힌 사진 중에는 어떤 생물이 나선형을 만들고 있는 듯한 모습도 있었다. 동물계에 넣긴 뭣하나 반삭동물문Hemichordata▪으로 분류되는 장새류라는 무리에 속하는 생물로 보였다. 그 생물은 지름이 약 5cm나 돼 얕은 물에 사는 동류에 비하면 상당히 큰 편에 속했다.

　　이후 촬영을 더 많이 진행하면서 그런 나선형이 심해에서는 비교적 흔하다는 사실을 알게 되었다. 미국의 해양지리학자 브루스 C. 히젠Bruce C. Heezen의 유명한 사진집《심해저 표면*The Face of the Deep*》(1971)에는 그런 나선형을 담은 사진이 몇 장 실려 있다. 마침내

▪ 반삭이라는 척삭동물의 척삭 원시형에 해당하는 신경계를 가진 해양 무척추동물이다. 좌우 대칭의 진체강을 갖고 있고 단독으로 자유 생활을 하며 몸길이는 수cm에서 2m에 달한다.

그림 1.2   북대서양에서 발견한 장새류와 그 흔적. 축척 막대의 길이는 5cm다.

2005년, 스틸 카메라가 아니라 동영상 촬영 카메라를 이용해 해당 생물이 나선형 모양을 만들고 있는 모습을 찍는 데 성공하게 되었다(그림 1.2). 이 촬영에 얽힌 이야기가 〈네이처*Nature*〉에 실리면서 큰 화제가 되었으나, 흔적 화석인 스피로라페에 관한 이야기는 언급되지 않았다(Holland et al., 2005).

　이 끈적끈적한 벌레는 지구에 동물이 처음 등장했던 까마득히 오랜 옛날부터 어둡고 추운 심해에서 분당 5mm의 속도로 묵묵히 나선형 무늬를 만들어 왔다. 수억 년이나 되는 긴긴 시간 동안 말이다. 그동안 다른 바다 생물들이 육지로 올라오고, 공룡이 나타났다 사라지고, 포유류와 조류가 육지 세계를 정복했지만, 이 장새류 벌레는 그런 변화 따위에 아랑곳하지 않았다. 햇빛이라곤 구경할 수 없는 깊고 깊은 바다에 자리 잡고서 움직이는지 마는지도 분간할 수 없을 만큼 느린 속도로 나선형을 만들면서 자기만의 길을 걸어왔던 것이다.

그런 벌레가 영원을 상징하는 나선형을 만들고 있다니, 너무나 어울리지 않는가.

2

나선 전시장

나선spiral이란 평면 위의 한 점을 중심으로 빙빙 돌면서 그 점으로부터 점점 멀어져 가는 곡선이라고 정의할 수 있다. 물론 수학적으로 엄밀한 정의는 아니지만, 이 정도면 우리가 이야기를 진행하기에는 충분하다. 수학에서는 일반적으로 나선을 '극좌표'로 나타낸다. 즉 원점(중심점)으로부터의 거리인 반지름 r과, 시작선과 이루는 각도인 회전각 φ(피phi)의 함수 관계로 표현하는 것이다(그림 2.1).

$$r = f(\varphi)$$

이 정의에 따르면, 곡선이 원점 둘레를 돌면서 각 φ가 증가할수록 반지름 r 또한 증가하기 마련이다. 내 생각에는 나선이 자신과 부딪히지 않을 정도로 반지름이 '조금' 감소하는 경우도 '가끔' 있겠지만, 여기서는 간편하게 r이 항상 증가한다고 생각하자. 그런데 경우에 따라서는 반지름이 '가끔'이 아니라 항상 '감소'해 나선이 바깥쪽이 아닌

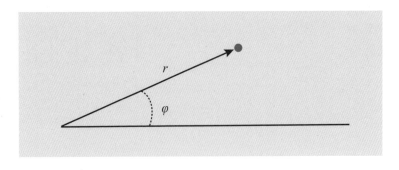

그림 2.1 극좌표에서는 빨간 점의 위치를 (φ, r)로 나타낸다.

안쪽으로 움직여 갈 수도 있다. 결국 함수 $f(\varphi)$는 각이 증가함에 따라
반지름이 항상 증가하거나 항상 감소하는 단조함수가 된다.

현재 수많은 형태의 단조함수가 알려져 있는데, 이들을 각과 반지
름의 극좌표로 나타내면 다양한 나선 모양을 얻을 수 있다. 수학자들
은 곡선에 이름 붙이기를 좋아하는데, 나선도 예외가 아니다. 특히 단
순한 단조함수가 만드는 나선에는 특이한 이름이 붙어 있을 가능성이
높다. 그림 2.2와 2.3은 그 일부다. 단조함수가 만드는 나선 모양은 모
두 예쁜데, 그중 대부분은 정말 흥미롭기도 하다. 우리는 그중에서도
가장 단순한 종류부터 살펴볼 것이다.

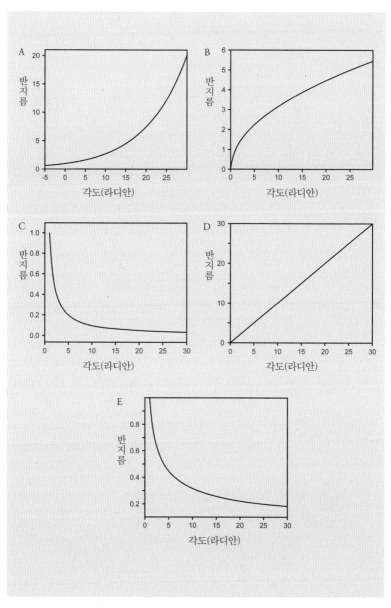

그림 2.2   단조함수들을 데카르트 좌표 평면에 나타낸 그래프. A. 지수 함수, $r=e^{k\varphi}$. B. 제곱
근 함수, $r=\sqrt{\varphi}$. C. 쌍곡선 함수, $r=1/\varphi$. D. 선형 함수, $r=k\varphi$. E. 제곱근 역수 함수, $r=1/\sqrt{\varphi}$.

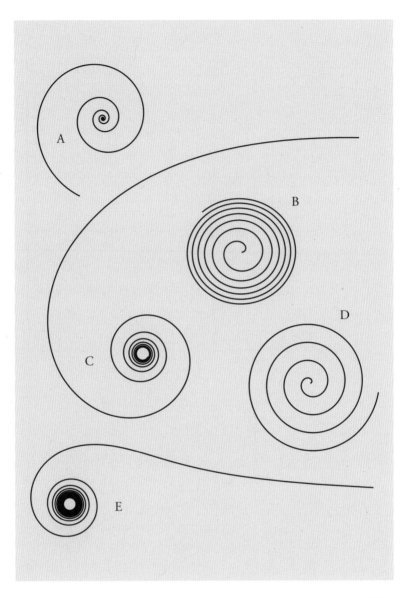

그림 2.3　　그림 2.2와 같은 단조함수들을 극좌표 평면에 나타낸 그래프. A. 로그 나선, $r=e^{k\varphi}$. B. 페르마 나선, $r=\sqrt{\varphi}$. C. 쌍곡 나선, $r=1/\varphi$. D. 아르키메데스 나선, $r=k\varphi$. E. 리투스, $r=1/\sqrt{\varphi}$.

3

욕조 속의 털보 선생

그리스인들은 인류의 진보에 과연 얼마나 이바지했을까? 내가 보기에 이에 대한 논의는 아직 충분하지 않은 것 같다. 고대 그리스 철학자와 예술가들을 관례상 대체로 높게 평가하기는 한다. 하지만 그 이면에는 그들이 이룬 성과가 '당시에는' 매우 훌륭했으나 현대의 성과에 비하면 별 대단한 건 아니라는 시각도 깔려 있다. 예컨대 아리스토텔레스Aristotle는 말도 안 되는 소리를 잔뜩 늘어놓는 바람에 르네상스 시기까지 과학 발전을 지연시키지 않았던가. 피타고라스Pythagoras는 몇몇 다면체에 대해 괴상한 주장을 펼친 데다 히피족처럼 살지 않았던가? 아르키메데스Archimedes는 욕조 속에서 자신이 부력을 받는다는 사실을 깨닫고 벌떡 일어서서 "유레카"라고 외친 것으로 유명하다. 물론 그 정도도 대단한 발견이긴 하지만 알베르트 아인슈타인Albert Einstein에 비할 바는 아니지 않는가.

오늘날에는 그리스어를 배우는 이들이 많지 않지만, 다행히 고대 그리스의 주요 문헌들은 모두 번역돼 있다. 유클리드Euclid의《기하학

원론*Elements*》은 문고본으로까지 나와 있다.《기하학 원론》(총 13권)은 불세출의 명저다. 지적 판단력, 지적 수준, 현대적 사고방식, 거기다 그 방대한 규모는 정말 대단하다. '피타고라스' 정리 같은 각각의 기발한 정리와 증명들은 익히 알고 있겠지만,《기하학 원론》에서는 수백 가지나 되는 그런 정리와 증명들이 서로를 강화하면서 거대하고 복잡하면서도 견고한 구조를 이룬다. 그 책이 현대의 어느 영리한 사기꾼이 날조한 것이 아니라 고대에 나온 저작물이란 사실은 믿기 힘들 정도도.《기하학 원론》은 '오래된 것 치고는 훌륭한 편'이 아니라, '현대적' 기준에 비춰 봐도 엄청난 수학적 성과인 것이다.

다시 아르키메데스 이야기로 돌아가 보자. 그는 BC 287~212년경 살았던 실존 인물로, 지금까지도 읽히고 있는 여러 권의 책을 썼다. 그의 여러 업적 중에는 고대 그리스 기하학의 테두리 안에서나마 오늘날의 미적분법과 꽤 비슷한, 우리에게는 좀 번거로워 보이는 계산법을 고안한 것이 있다. 또 액체에 떠 있는 물체, 즉 부체浮體에 관한 이론은, 욕조에서 '유레카'라고 외치며 뛰쳐나왔다는 에피소드가 그의 업적을 제대로 반영하지 못한다고 말할 수 있을 정도로 대단하다. 그의 유체 정역학에는 복잡한 입체 도형의 무게 중심과 부력 중심을 계산하는 방법도 들어 있는데, 그것은 요즘 학생들이 현대 미적분으로도 하기 어려워하는 계산이다.

아르키메데스는 나선에도 관심이 있었다. 아마도 고대 그리스의 미술과 건축에 널리 쓰이던 나선형을 보고 영감을 얻었을 것이다. 게다가 친구였던 수학자 코논Conon이 그 주제를 좀 더 일찍부터 연구해 온 터였다. 아르키메데스가 쓴《나선에 대하여*On Spirals*》는 9~10세기에 만든 한 사본에 수록돼 있다. 그 필사본은 16세기의 어느 시점에 종적을 감추었으나, 다행히도 그사이에 예비 사본이 몇 부 만들어졌다. 그런 중세 사본 가운데 하나가 그 유명한 '아르키메데스 팰림프세스트palimpsest'■■에서 확인됐다. 중세에 기도문으로 재활용된 이 양피지 문서는 950년경에 만들어졌지만 1906년에야 콘스탄티노플의 한 도서관에서 발견되었다. 아르키메데스라는 이름에 걸맞게 《나선에 대하여》는 훌륭한 책이다. 그 책에서는 각각 별개인 듯한 정리들이 멋지게 전개되면서 서로 결합되며 총괄적 결론으로 이어진다. 기본 정리 열한 가지를 증명한 후에 아르키메데스는 나선을 다음과 같이 정의한다.

> 평면에 그은 한 직선이 한쪽의 고정된 끝점을 중심으로 하여 일정 속력으로 회전해 출발 위치로 돌아온다면, 또 그 직선이 회전함과 동시에 한 점이 그 고정된 끝점에서부터 직선을 따라 일정 속력으로 이동한다면, 그 점은 평면에 나선ἕλιξ을 하나 그리게 된다.
> (여기서 아르키메데스는 평면 나선 'spiral'이 아닌 입체 나선 'helix'에 해당하는 'ἕλιξ'라는 단어를 사용하고 있다.■■)

가령 회전 중인 시곗바늘(직선)을 따라 바깥쪽으로 천천히 걸어가고 있다고 상상해 보라. 그때 그 위치는 우리가 지금 '아르키메데스 나선'이라고 부르는 도형을 그리게 된다. 그런 나선에서는 방사 방

■ 원래의 글 일부 또는 전체를 지우고 다시 쓴 고대 문서다.
■■ 통상적으로 'spiral'과 'helix'는 평면 나선 및 입체 나선을 포괄하는 말로서 혼용되기도 하지만, 좁은 의미로 보면 전자는 주로 평면 나선을, 후자는 주로 입체 나선을 뜻한다.

그림 3.1   아르키메데스 나선.

향으로 측정한 인접부 간의 거리가 일정하다(그림 3.1). 르네 데카르트
René Descartes와 피에르 페르마Pierre Fermat가 창시한 해석기하학의 표
현법을 이용하면, 그런 나선은 극좌표 평면에 다음과 같은 함수로 나
타낼 수 있다.

$$r = k\varphi$$

이 식에서 r은 반지름이고, φ는 회전각이며, k는 방사 속도와 관련
된 상수다.

여기서 우리는 양의 각에 대한 나선만 나타낸다. 양의 각과 음의
각을 둘 다 사용하면, 멋지지만 다소 복잡한 두 가닥짜리 나선이 만들
어진다. 이 책에서는 문제를 단순화하기 위해 아르키메데스 나선에

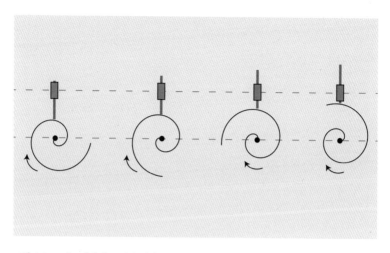

그림 3.2   아르키메데스 캠의 원리. 용수철로 위치가 반쯤 고정된 막대 하나(빨간색)가 나선 캠의 회전각에 따라 직선 운동을 한다.

관해서는 양의 각만 다루기로 한다.

기계공학에서는 아르키메데스 나선을 이용해 만든 '캠cam'이란 장치로 회전 운동을 직선 운동으로 바꾸기도 한다. 그런 장치를 만들려면, 용수철로 위치가 반쯤 고정된 막대 하나가 나선의 중심을 향하며 나선과 맞닿아 있게 해 두기만 하면 된다. 그러면 그 막대의 위치는 캠의 회전량에 비례해 달라질 것이다(그림 3.2).

4

나선의 상징

동물은 대부분 척추가 없다. 무척추동물이 개체로서든 종으로서든 동물의 대다수를 차지한다. 척추동물은 흥미롭지만 극소수에 해당할 뿐이다. 척추동물 중에서 대형 고양잇과 동물이나 맹금류 등도 진기하지만, 무척추동물 중에서 무엇보다 아름답고 우아하며 세련되면서도 신비로운 생물이 하나 있다. 그 생물의 완벽한 나선 모양은 여러 광고와 기업 로고에 널리 쓰이는데, 심지어 비타민 정제 보관함과 피임 기구 세트, 운동 기구와 컴퓨터에 이르기까지 수많은 상품에 등장한다. 하지만 그 생물 자체는 상당히 희귀한 편이어서, 살아 있는 상태로 목격되는 일은 거의 없으며, 실제 속성에 대해서도 그다지 알려져 있지 않다. 참으로 야릇하면서도 아름다운 동물이다. 그 동물은 바로 앵무조개*Nautilus*다.

앵무조개는 두족류cephalopod ■에 속하는데, 그 강綱은 영리한 연

■ 캄브리아기 말기에 출현하여 오르도비스기에 폭발적으로 진화한 바다에 사는 연체동물이다.

그림 4.1   앵무조개의 껍데기와 X선 사진. 가로 14cm.

체동물인 오징어, 문어, 갑오징어 등으로 구성된다. 하지만 앵무조개
는 그런 동물들과 달리 앵무조개아강이란 하위 분류군의 단일 대표
에 해당한다. 더 정확히 말하면, 그 분류군에서는 적어도 두 속屬의
세 종種이 현존하고 있다. 가장 흔히 볼 수 있는 황제앵무조개*Nautilus
pompilius*, 비교적 크기가 작은 큰배꼽앵무조개*Nautilus macromphalus*, 가
장 희귀한 넓은배꼽앵무조개*Allonautilus scrobiculatus*. 이 특이한 동물은
질소로 채워진 겉껍데기를 이용해 부력을 유지한다(그림 4.1). 다소 역
설적이지만 만약 상당한 압력을 견디도록 만들어진 그 무거운 가스통
이 앵무조개에게 없다면 그들은 애초에 그런 추가 부력을 받을 필요
도 없을 것이다! 그런 껍데기는 일련의 방으로 나뉘어 있다. 가장 바
깥쪽의 큰 개방형 '체방體房'은 기체로 채워져 있지 않으며 앵무조개
연질부의 대부분을 감싼다. 포식자로부터 몸을 보호해 주는 기능을
하는 것이다.

  앵무조개류는 특히 2억 5000만 년 전쯤에 끝난 고생대의 화석 기

그림 4.2   암모나이트(복원도).

록이 매우 풍부하게 남아 있다. 바로 다음 시기인 중생대에 살다가 멸
종한 암모나이트류(암모나이트 등)는 앵무조개류의 먼 친척으로, 역시
기체로 채워진 겉껍데기를 갖췄다(그림 4.2). 앵무조개류와 암모나이
트류의 껍데기는 지금껏 알려진 것 가운데 가장 절묘하면서도 우리의
상상을 불러일으키는 화석이라고 할 수 있다. 기하학적으로 아름다울
뿐만 아니라, 그 별난 생김새가 그들이 생겨난 시간의 깊이와 아주 잘
부합하는 듯이 보이기 때문이다. 예스러운 생김새로 치자면 삼엽충도
뒤지지 않지만, 이들은 앵무조개류에 비하면 못생겼다. 나는 암모나
이트 화석을 접하면 꿈에서 미래의 모습을 보게 된다는 대플리니우스
Plinius [*](23~79)의 다음 글을 좋아한다.

'암몬의 뿔Horn of Ammon'은 에티오피아에서 매우 신성시되는 돌 가운데 하나로, 황금색을 띠며 숫양의 뿔과 같은 모양을 하고 있다. 그 돌을 접하면 미래에 일어날 일을 반드시 꿈에서 보게 된다.

앵무조개나 암모나이트의 껍데기는 나선 모양을 띠는데, 아르키메데스 나선과 같은 유형은 아니다. 아르키메데스 나선에서는 회전각의 증가에 따라 반지름이 '일정한 양'만큼씩 증가하는 '등차' 수열을 이루지만, 앵무조개 껍데기의 반지름은 회전각의 증가분에 따라 거의 '일정한 비율'로 증가하다시피 하여 이른바 '등비' 수열과 아주 가까운 수열을 이룬다. 이를 극좌표로 표시하면 반지름은 다음과 같이 회전각 φ의 지수 함수로 나타낼 수 있다.

$$r = ae^{k\varphi}$$

여기서 매개 변수 a는 반지름이 확대되거나 축소되는 것을 결정하는 계수다. e는 2.71828…에 해당하는 오일러수다. 수학자들이 오일러 수를 선택한 까닭은 관습적인 것으로, 수학적인 편리함 때문일 뿐 다른 이유는 없다. e 대신에 다른 고정된 수를 써도 상관없지만, e 이외의 수를 사용하면 매개 변수들을 재조정해야 하는 번거로운 문제가 생긴다. 위 식에서 팽창 계수 k는 바퀴당 반지름 팽창률, 즉 나선 한

■ 고대 로마의 정치가이자 박물학자로 천문, 기상, 동식물 등에 관한 《박물지》(37권) 등의 저서를 남겼다. 로마 관료이자 저술가인 이름이 같은 조카와 구별하기 위해 대(위대한)플리니우스라고 부른다.

바퀴마다 반지름이 증가하는 비율을 결정한다. 또 각 φ는 범위가 확장되어 아주 작은 음의 값도 취할 수 있는데, 그런 경우에는 나선이 원점 쪽으로 말려 들어가게 된다.

이 도형의 이름으로는 지수 나선이 적당할 것이다. 그런데 반지름이 회전각의 지수 함수라는 것은 회전각이 반지름의 로그 함수라는 말과도 같다. 그래서 수학자들은 이렇게 논리를 한번 뒤집어서 이런 나선을 '로그' 나선이라고 부르게 되었다.

로그 나선은 수학적으로 놀랍고 멋진 속성을 많이 띠고, 자연계 도처에 존재하며, 오래전부터 위대한 지성들의 마음을 사로잡아 왔다. 또 그 나선은 바로 이 책《자연이 만든 가장 완벽한 도형, 나선》의 주요 주제이기도 하다.

5

황금 나선에 대한
근거 없는 통념

나선형 중에서 우리를 조금 골치 아프게 하는 나선이 하나 있다. 바로 황금 나선이다. 여기서 황금이란 황금 분할, 즉 황금비를 가리킨다. 황금비는 꽤 야릇한 수다. 황금비를 Φ라고 하면, 다음과 같이 정의할 수 있다. $(a+b)$에 대한 a의 비와 a에 대한 b의 비가 같게 하는 비. 이를 좀 더 유클리드식으로 표현하자면 이렇게 될 것이다. 전체에 대한 큰 부분의 비와 큰 부분에 대한 작은 부분의 비를 같도록 만드는 비율. 식으로는 다음과 같이 나타낼 수 있다.

$$a \qquad\qquad b$$
$$(a+b)\,/\,a = a/b = \Phi$$

이 식을 통해 Φ를 계산하는 것은 어렵지 않다. $a/b=\Phi$이므로 $a=b\Phi$다. 이를 $(a+b)/a=\Phi$에 대입하면, $(b\Phi+b)/b\Phi=\Phi$를 얻게 된다. 좌변을 b로 약분하면 $1+1/\Phi=\Phi$가 된다. 그다음 양변에 Φ를 곱

하고서 식을 다시 정리하면, $\Phi^2 - \Phi - 1 = 0$을 얻을 수 있다. 이것은 Φ에 대한 2차 방정식이다. 따라서 2차 방정식 근의 공식을 이용하면, 양과 음의 근을 얻을 수 있는데, 양의 근은 다음과 같다.

$$\Phi = \frac{\sqrt{5}+1}{2} = 1.6180339887498948482045868343656\cdots$$

이 Φ라는 수, 즉 황금비는 별의별 다양한 속성을 띤다. 예컨대 나중에 살펴보겠지만 피보나치 수열과도 밀접한 관련이 있다. 황금비는 고대에 널리 알려져 있었기 때문에 유클리드가 상세히 논하기도 했지만, 통념과는 달리 당시의 미술과 건축에서는 별로 중요하게 취급되지 않았다. 이 비율은 르네상스기에 이르러서야 건축가들에게 신성한 수로 여겨지게 되었다.

가로와 세로가 황금비인 직사각형은 옛 건물은 물론이고 현대적인 건물에서도 건물의 정면 전체에, 혹은 문이나 창문으로 트인 곳 같은 부분에서 흔히 볼 수 있다(그림 5.1). 그런 황금비를 가진 직사각형은 균형이 잘 잡혀 있어 보기에 좋다고 믿는 사람들이 있긴 하지만, 나는 그런 도형이 건축가들 사이에서나 통하는 특징 같은 게 아닐까, 혹은 고전적인 설계 원칙에 관한 지식을 드러내는 한 가지 방법이 아닐까하고 생각하기도 한다.

건축과 황금비의 관계에 대해 널리 퍼져 있는 '통념'이 근거 없는 오해라는 사실은 오래전부터 자주 지적되어 왔다. 이집트 피라미드나 그리스 신전의 황금 분할에 관한 주장들은 상당 부분 터무니없다. 그런 주장들은 건축물의 특정한 부분에서 특정한 길이만 편의적

그림 5.1　오슬로의 우리 집 근처에 새로 들어선 한 상업용 건물의 멋진 직사각형. 그 가로와 세로의 비가 몇 대 몇일지 알아맞혀 보라.

으로 선별해 근거로 삼을 뿐, 이보다 훨씬 많은 다른 사례들은 무시해 버린다. 그럼에도 불구하고 이탈리아 수학자 루카 파치올리Luca Pacioli 의 대작《신성한 비례De divina proportione》(1509)가 레오나르도 다 빈치 Leonardo da Vinci의 삽화를 실은 형태로 출간되었을 때부터 황금비는 건축 교육에서 아주 중요시되어 왔다. 그런 황금비가 당시 건축에서 실제로 사용된 적이 전혀 없었겠는가. 현대 건축의 거장 르 코르뷔지 에Le Corbusier는 자신이 황금비를 사용한다는 사실을 특히나 공공연 히 밝히곤 했다.

그런데 한 황금 사각형 안에 그보다 작은 황금 사각형을 그려 넣 고 또 그 안에 그보다 작은 황금 사각형을 그려 넣기를 되풀이하면, 정사각형과 황금비와 피보나치 수가 여기저기에 나타나는 소용돌이 모양의 도형을 얻게 된다(그림 5.2). 그런 도형 안에는 그림에 나타나 있듯이 로그 나선을 하나 그려 넣을 수 있다. 여기서 정사각형 하나에 들어 있는 로그 나선의 일부분은 사분원과 비슷하다고 볼 수 있다. 이 특정한 로그 나선을 황금 나선 혹은 피보나치 나선이라고 부른다. 그 런 나선은 4분의 1바퀴 돌아갈 때마다 크기가 Φ배씩 증가한다. 그러 므로 우리는 팽창 계수를 다음과 같이 계산할 수 있다.

$$k = (2\ln\Phi)/\pi = 0.3063\cdots$$

황금 나선은 몇 가지 흥미로운 특성을 띤 멋진 도형이지만, 여러 문헌에서 지나치게 중요시돼 왔다. 황금 나선은 로그 나선의 특정한 일례에 불과하며, 자연계에 흔하게 존재하는 것도 아니다. 많은 문헌

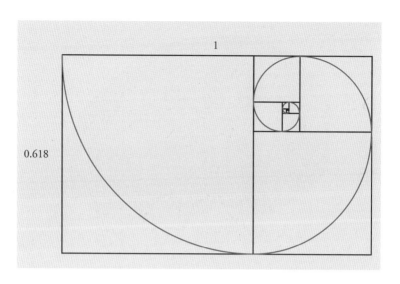

그림 5.2 　황금 사각형을 여러 개 연달아 그려서 황금 나선을 작도하는 방법.

과 자료들에서 주장하는 것과는 달리 앵무조개의 껍데기 모양은 황금 나선이 아니며, k값이 0.177 정도이니 사실상 황금 나선과 비슷하지도 않다. 차라리 어떤 전복류*Haliotis*의 껍데기 모양이 좀 더 비슷하지만, 그렇다고 딱히 중요한 의미가 있는 것은 아니다(그림 5.3).

　자신이 좋아하는 나선의 팽창 계수를 직접 추산해 보고 싶을지도 모르겠다. 어쩌면 내가 제시한 전복류보다 그 나선이 황금 나선과 더 비슷할 수도 있지 않겠는가? 그런 추산을 하는 방법은 두어 가지가 있다. 180° 도로 벌어진 두 반지름의 길이를 재면, $k = \{\ln(r_2/r_1)\}/\pi$의 값을 얻을 수 있다. 더 정확하게 하자면 해당 나선의 사진을 찍은 후, 나선 위에 있는 여러 점의 x, y 좌표를 이미지 편집 프로그램으로 알아내는 방법이 있다. 나선 위의 점들이 어떤 로그 나선에 꼭 들어맞는지

그림 5.3　필리핀에서 채취한 가로 3cm짜리 격자전복*Haliotis clathrata*. 이 로그 나선의 팽창 계수 k는 0.25로 황금 나선의 $k=0.31$보다 조금 작다.

를 컴퓨터에서 이를테면 내가 개발한 무료 프로그램인 '패스트Past'(부록 B 참조) 등으로 알아낼 수 있다. 해당 나선의 극점(중심점)이 어디에 있는지는 미리 알아 볼 필요가 없다. 그 위치는 프로그램이 추산해 줄 테니까.

6

나선 에너지

수력 발전소의 거대한 수차(터빈)는 인간이 만든 매우 크고 시적인 기계 장치 중 하나로, 어마어마한 수압과 유속을 전 세계 전기 에너지의 16% 정도로 변환해 준다. 가장 널리 쓰이는 종류는 1848년 제임스 B. 프랜시스James B. Francis *가 발명한 '프랜시스 수차'다. 프랜시스 수차에서는 물이 구식 물레바퀴에서처럼 접선 방향으로 들어가서, '날개바퀴'의 날개를 밀친 후, '흡출관'을 통해 회전축 방향으로 빠져나간다(그림 6.1). 최대 규모의 프랜시스 수차는 800메가와트까지 생산해 내는데, 이는 세계 최대 규모의 원자로가 만드는 전력과 맞먹는 수준이다.

이러한 수차에서는 물이 360°에 걸쳐 한 바퀴 빙 돌면서 날개바퀴에 전달된다. 그 과정에서 물은 날개바퀴를 통과해 흡출관으로 빠

■ 제임스 B. 프랜시스(1815~1892)는 영국에서 태어나 운하 건설에 종사하다가 1833년 미국으로 건너갔다. 이후 로웰의 메리맥강 수력 개발을 담당했고 댐과 운하 공사에 관한 수력 연구에 큰 성과를 거두기도 했다. 1848년 프랜시스 수차라는 반동 수력 터빈을 설계해 로웰의 제분소에 설치했으며 이는 이후 터빈 수차 발달에 큰 영향을 주었다.

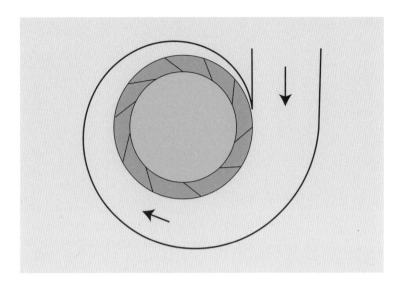

그림 6.1　프랜시스 수차의 스파이럴 케이싱에서 물이 흐르는 방식. 물은 '날개바퀴'(회색)의 날개를 거친 후, 수차 중심부의 '흡출관'(하늘색)을 통해 빠져나간다.

져나가는 만큼 압력과 속도가 점차 줄어들기 마련이다. 날개바퀴에 전달되는 물의 속도를 일정하게 유지하려면, 유입관의 지름이 점진적으로 줄어들어야 하므로, 이른바 '스파이럴 케이싱spiral casing'이라는 나선형 관이 쓰인다. 이 아이디어는 프랜시스의 것이 아니라, 아마도 1880년대에 처음 나온 듯하다. 최초의 스파이럴 케이싱은 1886년 독일의 포이트Voith사에서 아돌프 파어Adolf Pfarr가 만든 수차의 부속품이다.

　프랜시스 수차용 스파이럴 케이싱의 전형적인 형태에서 바깥쪽 윤곽은 로그 나선이 아니라 아르키메데스 나선의 일부분이다. 그런데도 관이 나선형의 안쪽으로 말려 들어갈수록 관의 지름이 점차 줄어

그림 6.2   J. M. 포이트 공장에서 제작 중이던 지름 5.4m짜리 프랜시스 수차용 스파이럴 케이싱.

드는 모양을 보면, 거대한 나사조개류인 암모나이트라는, 힘이 넘쳐나던 선사 시대 괴물의 모습을 떠올리게 된다. 프랜시스 수차의 스파이럴 케이싱은 자연에 대한 인간의 성공적이면서도 파괴적인 통제를 상징한다(그림 6.2).

7

돌돌 말기

대부분의 대중 과학서에서는 앵무조개의 로그 나선 모양을 묘한 수수께끼로 남겨 놓고 있다. 일개 동물이 그런 '고급' 수식에 따라 자기 몸을 만들 수 있다니 희한하지 않은가! 그러나 과학에서 주로 다루는 대상은 형태가 아니라 과정인데, 물론 그 형태와 과정은 여러 생물적 체계에서 서로 거의 동일하다. 사실 앵무조개뿐 아니라 대다수 생물이 자기 몸을 어떻게 만드는지는 아무도 모른다. 발생생물학, 즉 이를테면 표범이 반점을 어떻게 만드는지(바꿔 말하면 '왜' 표범에게 반점이 있는지 ― 바로 이것이 생물의 형태를 적절하게 설명하는 유일한 방법 아닐까?)를 연구하는 분야는 아직 걸음마 단계에 있다. 하지만 가설이야 얼마든지 세워 볼 수 있는데, 밝혀진 바에 따르면 로그 나선은 만들기가 의외로 쉽다. 오히려 그 모양을 만들지 않기가 더 어려울 정도다.

먼저 어떤 껍데기 속에서 살고 있다고 상상해 보라. 당신이 들어앉아 있는 그곳은 편안하고 안전하지만 좀 비좁기도 하다. 당신은 자

그림 7.1　원추각圓錐殼 앵무조개류(복원도).

라고 싶지만, 껍데기는 딱딱하다. 어떻게 하겠는가? 한 가지 가능한 일은 그 껍데기를 부수거나 녹인 후 더 큰 껍데기를 새로 만드는 것이다. 게와 바닷가재가 바로 그렇게 한다. 하지만 이것은 번거로울뿐더러 위험도 따르는 일이다.

　또 다른 방법은 입구 둘레에 껍데기를 좀 더 만들고 바깥쪽으로 그만큼 이동하는 것이다. 당신의 껍데기가 한쪽 면만 트여 있는 상자나 원기둥이라고 생각해 보라. 그 입구 쪽을 키우면, 상자나 원기둥이 더 길어질 것이다. 껍데기의 모양이 달라지니, 그의 몸도 모양이 달라져야만 껍데기를 채울 수 있을 것이다. 이는 별로 현명한 방법이 아니다. 당신이 자라면 자랄수록 가장 실용적인 형태에서 점점 더 멀어져 결국 아주 길고 가는 생물이 되고 말 테니까.

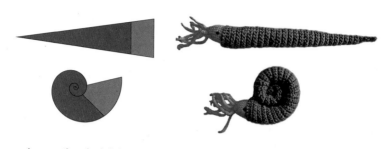

그림 7.2   왼쪽 위: 사다리꼴을 그노몬으로 품고 있는 원뿔형 껍데기. 왼쪽 아래: 그런 껍데기를 돌돌 말면 로그 나선이 하나 만들어진다. 오른쪽: 마위케 코에보엣스Maayke Koevoets가 코바늘뜨기로 만든 작품.

그런데 만약 껍데기가 그런 모양이 아니라 아이스크림콘과 같은 모양이라면, 당신은 그 모서리 부분에 재료를 덧붙여 가며 계속 자라면서 신통하게 몸의 모양을 유지할 수 있을 것이다. 그렇게 크기가 점차 증가하는데도 모양이 그대로 유지되는 도형을 가리켜 '그노몬적gnomonic' 도형이라 하고, 거기서 증가한 부분을 그 도형의 그노몬gnomon이라고 부른다.

원시 앵무조개류 중 일부와 바쿨리테스Baculites라는 특이한 암모나이트류 중 일부는 그런 길쭉한 원뿔형 껍데기를 실제로 만들었다(그림 7.1). 껍데기가 곧게 뻗은 앵무조개류는 오르도비스기와 실루리아기, 즉 4억~4억 8000만 년쯤 전에 특히 흔했다. 내가 사는 오슬로 주변에는 길이가 1m 정도 되는 원뿔형 앵무조개 껍데기들로 꽉 들어찬 석회암 표면이 장관을 이루는 곳이 많다. 오르도비스기의 거대한 동물 카메로케라스Cameroceras는 길이가 6m 넘도록 자랐다. 원뿔의 무게 중심과 부력 중심을 간단히 계산해 본 결과에 따르면, 껍데기가 곧게 뻗은 앵무조개류는 뾰족한 끝부분을 위로 올린 채 수직 방향을 향하고 있어야 한다. 하지만 카메로케라스와 몇몇 친족 앵무조개류는 석회질을 껍데기 안에 분비함으로써 아마도 끝부분을 적당히 무겁게 만들어 좀 더 수평에 가까운 자세를 유지한 듯하다.

그런데 가령 당신의 긴 원뿔형 껍데기가 거추장스러워지면서 부서지기도 쉬워진다고 해 보자. 그런 껍데기를 돌돌 말아서 작고 튼튼하게 만들면 어떨까? 희한하게도 곧은 원뿔을 똘똘 말면 로그 나선이 하나 만들어진다(그림 7.2). 해당 동물이 무슨 복잡한 계산을 해야 하는 것도 아니다. 그 로그는 자연 발생적인 로그다! 말도 안 된다 싶을 정도로 수학이 자연과 잘 부합하는 경우가 또다시 나타난 것이다.

런던 세인트 폴 대성당Saint Paul's Cathedral의 설계를 맡았던 건축가 크리스토퍼 렌Christopher Wren(1632~1723)은 아마도 최초로 나선형 조개껍데기와 로그 나선의 유사점에 주목했을 뿐 아니라, 원뿔이나 각뿔을 돌돌 말면 로그 나선을 만들 수 있다는 점도 알아챈 듯하다. 이와 관련된 1차 자료를 찾기는 힘들지만, 영국의 수학자 존 월리스John Wallis■는 〈사이클로이드 등에 관한 논문 두 편Tractatus duo de cycloide etc.〉(1659)에서 이런 문제들을 언급하며 '우리 렌'의 공을 인정해 준다.

바로 이 곡선에 대해서는 우리 렌도 연구해 왔다.

■ 존 월리스(1616~1703)는 미적분학 발전에 기여했으며 무한대의 기호(∞)를 처음 사용했다. 뉴턴과도 친교가 있었으며 암호 해독법에도 정통했다.

'원뿔을 돌돌 만다'는 것이 무엇을 의미하는지 알고 싶은 분이 있을지도 모르겠다. 원뿔을 말려면 엄청난 변형이 필요하다. 바깥쪽은 상당히 늘이고, 안쪽은 또 그만큼 압축해야 하기 때문이다. 이 문제에 대한 고찰을 시작하는 한 가지 방법은 원뿔의 지름이 원뿔의 길이에 비례한다는 사실을 고려하는 것이다. 바로 그런 비례 관계 때문에 원뿔은 한쪽 끄트머리에 사다리꼴 그노몬이 덧붙어도 전체 모양이 그대로 유지된다. 원뿔을 돌돌 말아도 그런 속성은 보전되기 마련인데, 원뿔을 로그 나선 모양으로 변형하는 경우에도 물론 그렇게 될 것이다. 부록 A.1에 나와 있듯이, 그런 경우에 지름 D는 역시나 경로 길이 s에 비례하는데, 비례 계수는 k값에 따라서만 결정된다.

$$D = \frac{k(e^{2\pi k}-1)}{\sqrt{1+k^2}}s$$

예를 들어, 팽창 계수 k가 0.177인 앵무조개가 껍데기 입구의 안쪽 가장자리에서 앞쪽으로 1cm만큼 자란다면, 그 입구의 지름은 0.36cm만큼 증가하게 될 것이다.

원뿔이 그노몬과 관련해 띠는 속성은 로그 나선에서 자기 유사성으로 변환된다. 원뿔의 꼭짓점 부분을 확대해 봐야 닮은꼴밖에 안 보이듯이, 로그 나선을 c배로 확대하면 똑같은 나선이 각 $(\ln c)/k$만큼 회전하기만 한 모양을 보게 된다.

$$cr(\varphi) = ce^{k\varphi} = e^{\ln c}e^{k\varphi} = e^{k\varphi + \ln c} = e^{k(\varphi + (\ln c)/k)} = r(\varphi + (\ln c)/k)$$

그림 7.3   보어스 앤 윌킨스의 노틸러스 스피커.

달팽이와 앵무조개만이 원뿔 모양을 돌돌 말아 공간을 절약하고
구조를 더 튼튼하게 만드는 것은 아니다. 나사갯지렁이*Spirorbis*라는
다모류 벌레의 작지만 아름다운 나선형 껍데기는 대서양 해안의 해조
류와 바위에서 아주 흔히 볼 수 있다. 카멜레온은 휴식을 취할 때 원
뿔형에 가까운 꼬리를 돌돌 말아 멋진 로그 나선 모양을 만든다.

스피커를 설계할 때는 통 내부의 반사 때문에 생기는 불필요한
울림을 줄이는 일이 중요하다. 길쭉한 원뿔 모양을 스피커 뒤에 두면,
소리가 그 원뿔형의 안쪽 면을 따라 완만한 각도로 반사되어 뒤쪽으
로 가게 되므로, 도로 앞쪽으로 반사되어 음향적 대혼란을 초래할 일
이 없어진다. 흡음재를 이용하면, 그런 소리가 원뿔형의 끝부분에 이
르기 전에 소멸해 버리도록 만들 수 있다. 보어스 앤 윌킨스Bowers &

Wilkins사의 '노틸러스Nautilus' 스피커는 바로 그런 원리에 따라 작동한다(그림 7.3). 스피커에서 고음을 담당하는 부분(트위터)에는 단순한 원뿔형을 써도 된다. 하지만 저음을 담당하는 부분(우퍼)에도 곧게 뻗은 원뿔형을 사용하면, 그 부분이 너무 커져서 스피커를 거실에 두기가 힘들어질 것이다. 그런 원뿔을 돌돌 말면, 공간을 절약할 수 있을 뿐 아니라, 상품의 모양을 멋지게 만들 수도 있다. 형태는 기능에 따르는 법이다.

인간의 내이에서 음파를 신경 신호로 변환하는 달팽이관이라는 감각 기관도 노틸러스 스피커와 비슷한 원리에 따라 기능한다. 달팽이 껍데기와 흡사하게 생긴 달팽이관은 원뿔이 로그 나선에 가깝도록 세 바퀴쯤 돌돌 말린 형태의 관으로서 액체로 가득 차 있다. 음파는 달팽이관의 입구로 들어가서 그 액체를 통해 원뿔의 꼭짓점 쪽으로 전파된다. 그러는 도중에 그 파동은 관 내부를 따라 한 줄로 이어져 있는 기저막에서 발생하는 아주 유사한 파동과 상호 작용을 한다. 기저막에서 입구 근처 부분은 가장 뻣뻣한 편이라, 주파수가 가장 높은 파동(10~20khz)에 반응한다. 그리고 그 막은 안쪽으로 갈수록 부드러워져서, 점차 주파수가 낮은 파동에 반응하게 된다. 그래서 기저막을 따라 나 있는 감각모는 자기 위치에 따라 저마다 다른 주파수의 파동에 반응하여, 소리를 효율적으로 분석해 낸다. 인간의 기저막은 길이가 35mm 정도이지만 돌돌 말려 있어서 머리뼈 안에 잘 들어가 있다.

원뿔형을 돌돌 마는 것 말고도 로그 나선 모양의 껍데기를 만드는 또 다른 방법, 아마도 훨씬 더 우아한 방법이 있다. 어떤 원뿔형 물체에서 한쪽 면이 반대쪽 면보다 '일정한' 비율만큼 더 빨리 자라게

그림 7.4   야생 양 무플런*Ovis orientalis*.

하면, 그 물체는 구부러져서 로그 나선 모양으로 변할 것이다. 아마도
이는 생물체에서 껍데기, 치아, 뿔(그림 7.4), 발톱 등으로 나타나는 로
그 나선 형태 중 대부분과 직결된 메커니즘일 것이다. 영국의 생물학
자 다시 웬트워스 톰프슨D'Arcy Wentworth Thompson은 명저《성장과
형태*On Growth and Form*》(1917)에서 이 메커니즘을 상세히 논한다. 그
과정은 2차원에선 비교적 쉽게 이해할 만하지만, 3차원에서는 좀처럼
갈피가 잡히지 않는다. 그렇다면 바깥쪽 끄트머리가 안쪽 끄트머리에
비해 얼마나 빨리 자라는지뿐만 아니라, 그사이의 생장률이 부분별로
어떻게 다른지, 그리고 끄트머리 둘레의 방사 방향 생장률과 좌우 방
향 생장률이 서로 어떻게 균형을 이루는지도 구체적으로 나타낼 필요
가 있다. 이런 생장 매개 변수들로 최종 형태를 예측하기란 쉽지 않지

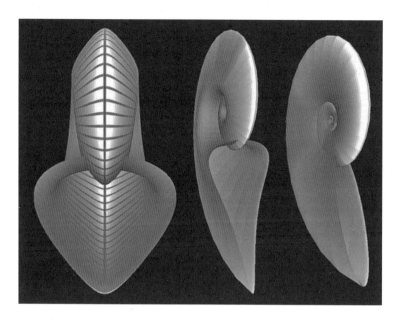

그림 7.5   방사 방향 생장률과 좌우 방향 생장률을, 암모나이트 껍데기의 끄트머리 생장부 둘레의 부분별 위치에 따라 값이 달라지는 함수로서 나타내 본 세 가지 예. 세 모의실험은 모두 껍데기 입구의 횡단면이 원형인 상태에서부터 시작된다.

만, 대부분의 경우에는 생장 과정에서 입구의 모양이 변화할 것이다 (그림 7.5). 생장 과정에서의 그런 모양 변화, 즉 이른바 상대 생장은 사실상 암모나이트와 달팽이의 껍데기에서 아주 흔히 볼 수 있는 현상이다.

8

달팽이왕

달팽이는 몸을 어느 쪽으로 말까? 나선형 껍데기를 뾰족한 끝부분(각정殼頂)이 위로 향하고 입구가 관찰자와 마주하도록 놓으면, 이른바 오른돌이dextral(우권右卷) 껍데기는 입구가 오른쪽에 위치하게 된다('dexter'는 오른쪽을 뜻하는 라틴어다). 위에서 내려다보면, 오른돌이 껍데기는 아래로 내려가면서 시계 방향으로 말려 있다. 이는 달팽이 껍데기 나선의 일반적인 방향이다. 달팽이를 찾아서 확인해 보시라! 이와 반대로 왼쪽으로 말리는 것은 왼돌이sinistral(좌권左卷)라고 부른다('sinister'는 왼쪽을 뜻하는 라틴어). 이런 명명법은 이치에 맞으며, 수학에서 쓰는 명명법과도 부합한다. 또 다른 암기 요령은 오른돌이 껍데기엔 오른손을 집어넣기가 더 쉽다고 생각하는 것이다.

더 이상 쓰이지 않는 한 가지 구식 방법은 누가 껍데기의 입구로 걸어 들어가서 올라간다고 상상하는 것이었다. 그가 왼쪽으로 걷는다면, 그 껍데기는 '왼쪽으로 돌아간leiotropic'(좌선左旋) 껍데기일 것이다. 그가 오른쪽으로 걷는다면, 그 껍데기는 '오른쪽으로 돌아간

dexiotropic'(우선右旋) 껍데기일 것이다. 그래서 왼쪽으로 돌아간 껍데기는 곧 오른돌이 껍데기이고, 오른쪽으로 돌아간 껍데기는 곧 왼돌이 껍데기다. 이 헷갈리는 용어들은 패류학자들이 오래전에 폐기했지만, 문학에는 아직도 더러 나오곤 한다.

쥘 베른Jules Verne은 《해저 2만 리 *Vingt mille lieues sous les mers*》에서 이 문제에 대해 언제나처럼 딱딱하면서도 유쾌한 문체로 이야기한다.

"왜 그러세요, 주인님?" 콩세유가 깜짝 놀라 물었다. "뭐에 물리셨습니까?"

"아니라네. 하지만 이걸 발견하기 위해서였다면, 손가락 하나쯤이야 기꺼이 내놓았을걸세."

"뭘 발견하셨는데요?"

"이 고둥," 나는 이렇게 말하며, 내가 환희를 느끼는 대상을 들어 올렸다.

"그건 그냥 대추고둥일 뿐이잖아요."

"그렇다네, 콩세유. 하지만 이 대추고둥은 오른쪽에서 왼쪽으로 말려 있지 않고, 왼쪽에서 오른쪽으로 말려 있어."

"그럴 수도 있나요?"

"그럴 수도 있다네. 이건 왼돌이 고둥이야."

고둥은 다 오른돌이인데, 드물게 예외가 있긴 하다. 그래서 우연히 나선 모양이 왼돌이인 고둥이 있으면 애호가들은 그만한 무게의 금을 주고서라도 그것을 손에 넣으려 든다.

저 박물학자들은 자신들이 발견한 것에 좀 지나치게 열광적이다.

대부분이 오른돌이인 종이 많긴 하지만, 왼돌이 고둥은 사실 자주 발견된다.

왼쪽과 오른쪽이라는 개념은 흔히들 생각하는 것보다 복잡하다. 위아래의 차이와 앞뒤의 차이는 아이들이 꽤 일찍 알아차리지만, 왼쪽과 오른쪽은 이해하기가 훨씬 더 까다롭다. 왜 그럴까? 노벨상 수상자인 물리학자 리처드 파인먼Richard Feynman이 말했듯이, 이 문제는 거울로 잘 설명할 수 있다. '거울상'에서는 왼쪽과 오른쪽이 뒤바뀐다고들 한다. 오른쪽 뺨을 손가락으로 가리키면, 거울 속의 모습은 자신의 왼쪽 뺨을 가리키지 않는가? 하지만 거울 속에서도 머리는 맨 위에 있고, 발은 맨 아래에 있다. 분명히 위와 아래는 뒤바뀌지 '않는다.' 그런데 훨씬 더 이상한 것은 손가락을 거울의 오른쪽에 갖다 대면 그 손가락이 거울 속의 같은 쪽 손가락과 만난다는 점이다. 그렇다면 결국은 왼쪽과 오른쪽이 뒤바뀌지 않은 셈인가? 어떻게 된 노릇일까?

이를 설명하자면, 거울에서 실제로 뒤바뀌는 것은 오로지 '앞과 뒤'뿐이다. 당신은 거울을 향하고 있지만, 거울상은 당신을 향하고 있다. 그런데 왼쪽과 오른쪽은 위아래 및 앞뒤와 관련하여 정의된다. 오른손에서 집게손가락으로는 앞쪽을, 엄지손가락으로는 위쪽을, 나머지 손가락으로는 검지 및 엄지 둘 다와 직각을 이루는 방향을 가리켜 보라. 그 나머지 손가락들은 이제 '정의에 따르면' 왼쪽을 가리킨다. 좌우축은 일차적인 상하축과 전후축에 비하면 부차적이다. 이는 대단히 복잡한 이야기다. 이를 깨닫는 데 시간이 걸리는 것도 당연하다. 게다가 좌우에 대한 이 정의는 근본적인 결함을 하나 안고 있다. 바로 '오른손'을 언급함으로써 그야말로 순환적 정의가 되어 버렸다는 점이다. 밝혀진 바에 따르면, 어떤 비대칭적 물체를 예로 들어 언급하지 않고서는 왼쪽과 오른쪽이라는 개념을 전달하기가 불가능하다.

독일어권 국가에는 왼돌이 달팽이가 '달팽이왕Schneckenkönig'이라는 전설이 있다. 이는 여러 달팽이 중에서도 특히 유럽의 헬릭스 포마티아Helix pomatia(일명 부르고뉴달팽이)라는 식용 육지 달팽이에 해당되는 이야기다. 헬릭스 포마티아는 10만 마리 중 한 마리 정도가 왼돌이라고 추정된다. 그런 달팽이를 찾으면 행운이 따른다고들 믿는다.

소라게는 버려진 고둥류 껍데기 안에서 살기 때문에 복부가 오른돌이 나선형으로 진화해 왔다. 하지만 왼돌이 껍데기를 집으로 삼는 경우도 드물게 있다. 일본의 생물학자 고스게 타케하루와 이마후쿠 미치오(1997)는 자연계에서 나타난 그런 경우를 다섯 건 기록했다. 여기서 이마후쿠의 한 재미있는 연구(1994)에 대해서도 언급해야겠다. 그는 소라게들이 고둥류 껍데기에서 모래를 빼내는 방식을 관찰했다. 그들은 오른돌이 껍데기를 발견하면, 항상 그 껍데기를 적절한 방향인 왼쪽으로 돌린다. 반면에 왼돌이 껍데기를 발견하면, 그것을 가끔은 왼쪽으로 돌리기도 하지만 대개는 오른쪽으로 돌려서 모래를 빼낸다.

다들 알다시피 달팽이 껍데기의 나선 방향은 단일 유전자가 제어한다. 그런데 왜 기능적으로 중요하지도 않은 듯한 그런 나선 방향이 왼쪽 반 오른쪽 반 정도로 균등하게 분포하지 않는 것일까? 그 답은 짝짓기 생리에 있는 듯하다. 껍데기의 나선 방향이 반대인 달팽이끼리 교미하기란 거의 불가능하다. 기하학적으로 그 상황은 악수와 비교해 볼 만하다. 오른손잡이는 다른 오른손잡이와 쉽게 악수할 수 있지만, 왼손잡이와 오른손잡이는 그럴 때 서로 호흡을 맞추기가 쉽지 않다. 그 결과로 개체군에서는 이른바 '대칭성 깨짐'이란 현상이 일어나서 몇몇 형태 가운데 하나가 우위를 차지하게 된다. 이런 역학 관계적 현상은 우주에서 물질이 반물질antimatter보다 우세해지게 한 대칭성 깨짐(두 물질은 동시에 같은 곳에 존재할 수 없다)과도 비슷한 듯하고, 생물 역사의 초기에 단백질과 DNA 같은 생체 분자에서 한 나선 방향 즉 한 손대칭chiral" 구조가 우세해지게 했던 대칭성 깨짐(두 형태는 같이 있으면 효율적으로 기능하지 못한다)과도 비슷한 듯하다.

생물계의 규칙에는 예외가 있기 마련인가 보다. 달팽이 가운데 몇 안 되는 종은 '양방향적amphidromine'인데, 이는 해당 개체군에서 두 나선 방향이 모두 상당한 비율로 존재한다는 뜻이다. 가장 많이 알려진 예는 암피드로무스Amphidromus라는 속屬에 속하며, 동남아시아 전역의 교목과 관목에서 산다. 암피드로무스 중에서 몇몇 종은 대부분 왼돌이이고, 몇몇 종은 대부분 오른돌이인데, 암피드로무스 팔라케우스Amphidromus palaceus(그림 8.1)를 비롯한 몇몇 종은 양방향적이다. 달팽이의 일반적인 성적 관습을 거스르는 그 종들은 나선 방향이 반대인 개체와 교미하는 데 아무 문제가 없을 뿐 아니라, 오히려 그런 개체를 분명히 '선호'한다(Schilthuizen et al., 2007).

하지만 자연계 전체에서는 개체군에서 한 방향성이 기능적 이유도 없이 우위를 차지하는 경우가 자주 나타난다. 흥미로운 일례로, 심장은 왼쪽에 있고 간은 오른쪽에 있는 인체의 비대칭성을 들 수 있다. 1만 명 가운데 한 명 정도만 그런 위치가 반대로 되어 있는데

■ 오른손과 왼손처럼 구조는 동일하나 거울상이 서로 다른 것을 손대칭이라고 한다. 손을 뜻하는 그리스어 케이르cheir에서 온 것이다.

그림 8.1   인도네시아 자바섬에서 채취한 암피드로무스 팔라케우스의 오른돌이 표본과 왼돌이 표본을 뒤섞어 놓은 모습. 이것은 패류학자에게 매우 충격적인 사진이다. 이 껍데기들은 길이가 45~55mm 정도 된다.

(Torgensen, 1950), 그런 상태를 '역위situs inversus'라고 부른다. 마치 거울상 같은 그런 사람들은 몸이 완전히 정상적으로 기능하며, 다른 사람과 상호 작용을 하는 데도 아무런 문제가 없다.

이와 관련하여 정말 기이한 생물 중 하나는 '온도계 유공충' 네오글로보콰드리나 파키데르마*Neogloboquadrina pachyderma*다. 이들은 바다에 떠다니는 유공충foraminifera(아메바 같은 단세포 생물)으로, 아주 작은 나선형 껍데기를 갖추고 있다. 이 생물이 왼돌이와 오른돌이라는 두 가지 형태로 존재한다는 점은 그다지 놀라운 사실이 아니다. 이상한 것은 왼돌이형은 주로 따뜻한 물에서 사는데, 오른돌이형은 주로 차가운 물에서 산다는 점이다. 빙하기가 언제쯤 왔다 갔다 했는지 추정하는 방법으로, 시추기로 바닷가의 퇴적물을 원통형으로 채취해 왼돌이 화석과 오른돌이 화석의 비율을 조사할 수 있다. 그 이유야 물론 수수께끼로 남아 있지만, 최근에 분류학자들은 그런 두 가지 형태를 서로 다른 종으로 간주함으로써 그 현상이 유전적 원인에서 비롯함을 암시했다.

아, 그리고 또 한 가지. 일본에는 달팽이를 잡아먹는 파레아스 이와사키*Pareas iwasakii*라는 뱀이 있는데, 이들은 턱이 비대칭형이다. 실험 결과에 따르면, 그런 턱 모양은 나선 방향이 일반적인(오른돌이인) 달팽이를 공격하는 데 도움이 된다(Hoso et al., 2010). 그 결과 일본의 달팽이들은 다른 지역보다 왼돌이의 비율이 훨씬 높도록 공진화해 왔다. 달팽이에게는 참으로 난처한 상황이 아닐 수 없다. 교미하기가 수월해지도록 오른돌이가 되는 쪽을 택해야 할까, 아니면 잡아먹힐 위험이 줄어들도록 왼돌이가 되는 쪽을 택해야 할까? 그리고 뱀은 또 어떤가. 왼돌이 달팽이 사냥용 턱을 만드는 것을 대응책으로서 고려해야 할까?

9

경이로운 나선

로그 나선의 역사는 많은 대사상가들, 구체적으로는 17~
18세기 유럽 학계의 저명인사들과 관련돼 있다. 이 매력적인
도형은 밈meme*바이러스처럼 작용하여 최고 지성인들의 마음을 사
로잡았다. 사실 로그 나선은 계몽주의 시대를 상징하는 기호가 되었
어도 좋았을 것이다.

우리가 알기로 로그 나선은 고대 그리스인들에게는 알려져 있
지 않았다. 물론 지난 수천 년 사이에 유실된 무수한 고대 그리스 저
작물에 어떤 내용이 담겼는지는 그들만이 알겠지만 말이다. 화가 알
브레히트 뒤러Albrecht Dürer가 1525년에 로그 나선을 어렴풋이 감지
한 것을 제외하면, 프랑스의 성직자 마랭 메르센Marin Mersenne(1588~
1648)이 로그 나선 연구의 시발점이었던 듯하다. 그는 자신도 수학에

■ 한 사람이나 집단에게서 다른 지성으로 생각 혹은 믿음이 전달될 때 전달되는 모방 가능한
사회적 단위를 총칭한다. 1976년 영국의 생물학자 리처드 도킨스Richard Dawkins가《이기적
유전자The Selfish Gene》(1976)에서 문화의 진화를 설명할 때 처음 등장한 용어다.

Vous me mandez auffy que ie deuois plus particu-
lierement expliquer la nature de la fpirale qui repre-
fente le plan egalement incliné; & la façon dont fe
plie vne chorde lorfqu'ayant efté toute droite & paral-
lele a l'Horizon, elle defcend librement vers le centre
de la terre; & la grandeur de la petite fphere en
laquelle fe trouue le centre de grauité d'vne autre
plus grande fphere. Mais, pour cete fpi-
rale, elle a plufieurs proprietez qui la ren-
dent affez reconnoiffable. Car fi A eft le
centre de la terre & que ANBCD foit la
fpirale, ayant tiré les lignes droites AB,
AC, AD, & femblables, il y a mefme pro-
portion entre la courbe ANB & la droite
AB, qu'entre la courbe ANBC & la droite
AC, ou ANBCD & AD, & ainfy des au-
tres. Et fi on tire les tangentes DE, CF, GB
&c., les angles ADE, ACF, ABG &c., feront egaux[a].
Pour la façon dont fe plie vne corde en tombant, ie
l'ay, ce me femble, affez determinée par ce que i'en
ay efcrit[b], auffy bien que le centre de grauité d'vne

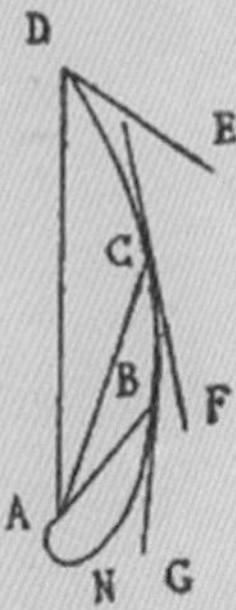

그림 9.1　1638년 9월 12일에 데카르트가 메르센에게 보낸 편지 일부. 1898년에 출간된
책에 실린 형태다.

뛰어났지만 피에르 페르마, 블레즈 파스칼Blaise Pascal, 갈릴레오 갈릴
레이Galileo Galilei, 토머스 홉스Thomas Hobbes, 크리스티안 하위헌스
Christiaan Huygens, 에반젤리스타 토리첼리Evangelista Torricelli 같은 이
들과 수없이 편지를 주고받으면서 지적인 매개자 혹은 촉매자 역할도
맡았다. 정말 대단한 시대였다!

1634년 7월 26일에 프랑스 천문학자 파브리 드 페레스Fabri de Peiresc에게 보낸 편지에서 메르센은 자신이 어떤 '새로운 곡선'을 연구하고 있다고 말한다. 하지만 로그 나선에 대한 최초의 실질적 연구는 메르센이 답장으로 받았던 1638년 9월 12일 편지(그림 9.1)와, 같은 해 10월 11일 편지에서 언급되었다. 편지를 보낸 인물은 다름 아닌 르네 데카르트였다. 데카르트는 오늘날의 보통 사람들에게는 '나는 생각한다 고로 존재한다'는 주장이나, 혹은 스웨덴에서 감기에 걸려 허무하게 죽었다는 에피소드 등으로만 알려져 있지만, 사실 그는 당시 손꼽히는 뛰어난 수학자였다.

9월 12일 편지에서 데카르트는 낙하하는 물체에 관한 어떤 연구 결과를 설명한 다음, 마치 누가 봐도 명백하다는 듯 아주 간략하게 아무런 증명도 없이 로그 나선의 두 가지 주요 속성을 이야기한다. 첫 번째 속성은 원점(그림 9.1의 A)에서부터 나선을 따라 이를테면 점 C까지 이어진 곡선(그림 9.1의 ANBC)의 총길이를 반지름 AC의 길이로 나눈 값이 일정하다는 것이다. 이런 결과는 로그 나선의 자기 유사성(그노몬성)을 잘 보여 준다. 두 번째 속성은 반지름과 접선 벡터 사이의 각이 일정하다는 것, 즉 그 나선이 '등각' 도형이라는 것이다(그림 9.2). 이렇듯 '완벽한 도형'인 로그 나선의 시작은 초라했다. 방정식도 없었고, 이름도 없었고, 증명도 없었다. 하지만 그 도형, 즉 세상 사람들이 고찰할 새로운 곡선은 있었다. 그 앞에는 밝은 미래가 놓여 있었다.

데카르트의 편지 이후 몇 년간 로그 나선에 관한 연구가 어떻게 진행되었는지를 추적하기는 쉽지 않다. 그 개념은 학자들 사이에서 매우 빨리 전파되었거나, 여러 수학자들이 개별적으로 발견하게 되

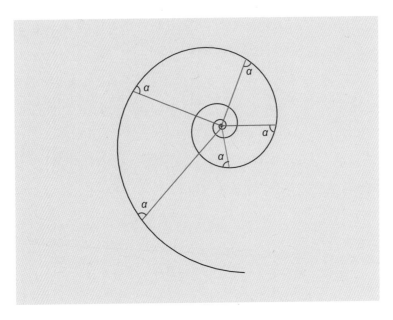

그림 9.2　로그 나선의 등각성. 나선(검은색)과 반지름 벡터(동경動徑, 빨간색) 사이의 각은 어디서나 다 똑같다. 그 각의 코탄젠트값은 팽창 계수와 같다. 즉 $k = \cot \alpha$ 다.

었을 것이다. 아무튼 분명하게 정리된 형태로 남아 있는 것은 에반젤리스타 토리첼리가 쓴 〈나선의 무한성에 관하여De infinitis spiralibus〉(1644)라는 논문이다. 그 글에서 토리첼리는 로그 나선의 길이를 구하는 구장법求長法과, 로그 나선에 둘러싸인 부분의 넓이를 구하는 구적법求積法을 고안해 냈다. 토리첼리의 논증은 기발하지만, 그의 무한계산법은 아직 기하학에 바탕을 두고 있어서 아르키메데스를 연상시켰다. 제대로 된 미적분법은 20년쯤 후에야 개발된다. 어쨌든 로그 나선의 구장법을 이용하면, 그 나선이 원점 둘레를 무한히 여러 번 휘감기 하지만 안쪽으로 말려들어 가는 선의 총길이는 유한하다는 사실을 확인할 수 있었다.

부록 A.2에서 나는 토리첼리가 했던 일을 찬찬히 따라 해 보았는데, 단 이번에는 고트프리트 라이프니츠Gottfried Leibniz와 아이작 뉴턴Isaac Newton이 내놓은 현대 미적분법을 이용했다. 미적분 덕분에 우리는 이런 종류의 문제를 다룰 때 표준화된 방법을 따르기만 하면 되므로 거의 생각할 필요가 없다. 그 결과에 따르면, 나선의 극점($\varphi = -\infty$)에서부터 어떤 점, 이를테면 $\varphi = \Phi$인 점까지의 총거리 s는 다음과 같다.

$$s(\Phi) = \frac{a\sqrt{1+k^2}}{k}e^{k\Phi}$$

'로그 나선logarithmic spiral'이라는 이름은 스위스 수학자 야코프 베르누이Jakob Bernoulli가 지었다(프랑스 수학자 피에르 바리뇽Pierre Varignon이 지었다는 설은 틀린 것이다). 내가 찾아낸 가장 오래된 관련 자료는 1691년에 간행된 〈학술 기요Acta eruditorum〉*라는 학술지에 실려 있다. 해당 논문은 다음과 같이 시작된다(그림 9.3을 참조하라).

평면상의 원 BCH 안에서 특정 곡선 BDEIPC가 그 원의 중심 C로부터 뻗은 반지름 CB, CL 등과 일정한 빗각으로 만나면, 그 곡선을 로그 나선이라고 부른다. 왜냐하면 원호 LM, MN 등이 무한소로 동일하다고 가정

■ 독일 최초의 과학 학술지로, 고트프리트 라이프니츠와 초대 편집장인 과학자이자 철학자 오토 멩케Otto Mencke가 1682년 라이프치히에서 처음으로 발행해 1782년까지 나왔다. 라틴어로 된 월간지이며 베르누이, 오일러 등의 저명한 과학자뿐만 아니라 인문학자들의 글도 실렸다.

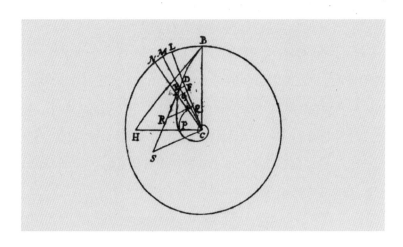

그림 9.3 〈학술 기요〉(p.282)에 실린 야코프 베르누이의 논문(1691)에 나오는 로그 나선.

할 때 BL, BM, BN은 산술적으로 비례하는데 반지름 DC, EC, IC는 닮은꼴 삼각형 DCE, ECI 등의 일부로서 기하적으로 비례하기 때문이다.

이 정도는 데카르트 이후 이미 알려져 있었다. 첫 부분은 로그 나선의 등각성을 나타내고, (당대 특유의 일방적인 기하학적 표현으로 서술된) 둘째 부분은 지수 함수를 극좌표 평면에 표시한 형태를 나타낸다.

이듬해 나온 〈학술 기요〉에 실린 한 논문(1692, p.245)에는 "경이로운 나선Spira mirabilis"이란 말이 나온다. 베르누이는 아무래도 그 곡선에 푹 빠졌던 모양이다. 무엇보다도 그는 로그 나선이, 이른바 축폐선evolute*과 수족곡선Pedal curve** 등을 만드는 몇몇 기하학적 변환을 거

■ 주어진 곡선상의 각 점에 그 점에서의 그 곡선의 곡률과 같은 원을 붙인다. 이 원을 곡률원이라고 한다. 주어진 곡선을 따라가며 점이 변하면 각 점을 따라가며 일련의 곡률원들을 얻을

그림 9.4   스위스 바젤의 뮌스터 대성당에 있는 야코프 베르누이의 묘비. "Eadem mutata resurgo"는 '나는 바뀌긴 했지만 계속 그대로다'라는 뜻이다. 직공이 실수로 로그 나선을 그리지 못했다는 점에 주목하라.

쳐도 신통하게 불변한다는 점에 주목했다(그림 9.4).

자기 유사적이고, 등각적이며, 무한히 둘둘 말리면서도 유한히 길다. 로그 나선의 이런 갖가지 진기한 속성들에 한 가지를 더 보태 보겠다. 아마 어떤 수학자들은 '완벽한 도형'이란 칭호를 로그 나선이 아닌 원(혹은 더 일반적으로 말하자면 구)에 주어야 마땅하다고 주장할 것이다. 어쨌든 원은 한 점에서 같은 거리에 있는 점의 자취이니까. 원은 대칭성을 최대한도로 띤다. 하지만 로그 나선의 규모 불변성(자기 유사성)을 비롯한 여러 멋진 속성을 제쳐 두더라도 원은 매개 변수 k가 0인 퇴보한 로그 나선에 불과하다고 할 수 있다.

수가 있다. 이때 이 곡률원의 중심이 그리는 궤적을 주어진 곡선의 축폐선이라고 한다. 축폐선은 주어진 곡선의 휘어진 정도를 전체적으로 보여 주는 한 방식이다. 로그 나선의 축폐선은 다시 로그 나선이 된다.

■■ 곡선 C가 주어져 있고 적당한 점 P가 하나 고정되어 있다. 곡선 C위의 점 A에서 접선을 그렸을 때 점 P에서 그 접선에 내린 수선의 발을 X라고 하면 곡선 C에서 A를 움직이면 점 X도

그림 9.5 $k=0.015$인 로그 나선. $k \to 0$이면, 이런 나선은 평면을 꽉 채우게 된다.

$$r = ae^{k\varphi} = ae^0 = a$$

여기에는 재미있는 점이 하나 숨어 있다. k가 아무리 작은 값을 취해도 0을 취하지 않는 한, 나선은 계속 나선으로 남아 있게 된다. k가 0에 한없이 가까워지면 그 도형은 점점 더 촘촘히 감겨 결국 종이를 새까맣게 꽉 채우게 되지만, 그래도 원에 가까워지는 기미를 보이진 않는 것이다(그림 9.5). 오로지 k가 딱 0일 때에만 완전히 새로운 상태로 홱 바뀐다. 어쩌면 이를 기하적 불연속성이라 불러도 될지 모르겠는데, 해석적 관계식 자체에서는 0에서의 불연속성을 쉽게 확인할 수가 없다.

로그 나선의 또 다른 놀라운 속성은 그 도형을 직선 위에서 굴

움직이는데, 이때 점 X의 궤적을 곡선 C의 수족곡선이라고 한다. 일반적으로 주어진 곡선과 그 곡선의 수족곡선은 서로 다른데, 로그 나선은 자신의 수족곡선도 로그 나선이 된다.

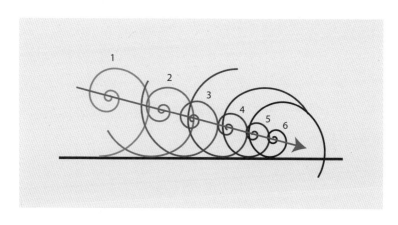

그림 9.6   로그 나선 하나가 평평한 탁자 위에서 '왼쪽'에서부터 '오른쪽'으로 구른다. 이 그림에는 그런 나선이 내리 $60°$ 회전하는 모습이 나타나 있다. 나선의 중심은 '직선'(빨간색)을 따라 이동한다.

리면 나선 중심의 자취 또한 직선이 된다는 것이다(그림 9.6). 그런 자취를 '전적선轉跡線/roulette'이라고 부른다. 예를 들면, 앵무조개 껍데기를 하나 구해 탁자 위에서 굴려 보자. 부록 A.3에 나와 있듯이, 그런 껍데기의 축(제공臍孔/umbilicus)은 직선을 따라 움직일 것이다. 그 직선의 기울기는 팽창 계수 k의 값과 같다. 원이라는 극단적인 경우 ($k=0$)에는 그 선이 수평선에 해당할 것이다.

한 가지 더. 이상야릇한 로그 나선의 갖가지 속성은 몇 가지 동등한 정의를 낳는다. 우리는 이 도형을 로그 나선이나 등각 나선이라고 불러도 되지만, '동경動徑™ 가속도 나선'이라고 불러도 괜찮을 것이다. 이 도형의 극방정식에 대해 다시 생각해 보자. 그 방정식은 $r=ae^{k\varphi}$이다. 그런데 지수 함수의 독특한 속성 중 하나는 상수 부분을 별도로 하면 그 함수 자체가 자신의 도함수여서 $dr/d\varphi = ake^{k\varphi}$라는 것이다. 바꿔 말하면 $dr/d\varphi = kr$인 셈이다. 그런데 우리가 해당 나선을 만들기 위해 원점을 중심으로 한 선분을 각속도 v(단위는 라디안/초)로 회전시킨다고 치면, $\varphi = vt$다. 이것과 위 수식과 연쇄 법칙을 이용하면, 시간에 관한 이런 도함수를 얻을 수 있다.

$$\frac{dr}{dt} = \frac{dr}{d\varphi}\frac{d\varphi}{dt} = kvr$$

바꿔 말하면, 회전하는 반지름이 길어지는 속도는 반지름의 길이에 비례한다는 것이다. 그래서 웬트워스 톰프슨(1917)과 수학자 마틸라 기카Matila Ghyka(1946)는 나선을 이렇게 '정의'한다. "해당 직선(반지름 벡터) 위에서 한 점이 극점과의 거리에 비례하는 속력으로 움직이면서 만들어 내는 평면 곡선." 이는 아르키메데스 나선에 대한 아르키메데스의 정의와 비슷한데, 그 정의에서는 속력이 일정하다. 정의들의 동등성을 제대로 확인하려면, 역명제, 즉 동경 가속도의 이런 속성에서 로그 나선 방정식을 이끌어 낼 수 있다는 명제도 증명해야 할 듯싶다. 그런 증명을 하려면 적분을 하면 된다.

■ 점의 위치를 표시할 때, 기준이 되는 점으로부터 그 점까지 그은 직선을 벡터로 하는 선분을 말한다.

10

불운한 나방과 삐딱한 매

놀랍게도 우리는 왜 나방이 불빛에 이끌리는지를 알지 못한다. 아름다운 밤에 그들은 불꽃 속으로 자살 특공대처럼 날아드는데, 그 영문을 우리는 알 수가 없다. 하지만 수학적인 면에서 보자면 최우수 아이디어상은 '횡단 정위橫斷定位/transverse orientation'[*]설에 돌아간다. 가령 나방이 빛을 보고 방향을 찾는다고 치자(우리는 이것도 알지 못한다). 그런 경우에 우리는 그들이 달빛이나 저녁과 새벽의 햇빛 같은 자연광에 대해 일정한 각으로 날아감으로써 직선 경로를 유지하리라고 추측해 볼 수 있다(그림 10.1 위). 그런 경로는 적어도 잠시 동안은, 즉 달이나 해가 하늘에서 너무 많이 움직이지 않는 동안은 똑바를 것이다.

이런 방식이 통할 법한 이유는 다름이 아니라 달과 해가 워낙 먼 곳에 있다 보니 그 광선들이 서로 거의 평행하기 때문이다. 그런데 인

---

[*] 나방 같은 곤충이 먼 거리의 빛이 나오는 방향으로 각도를 유지하며 날아가는 반응을 말한다.

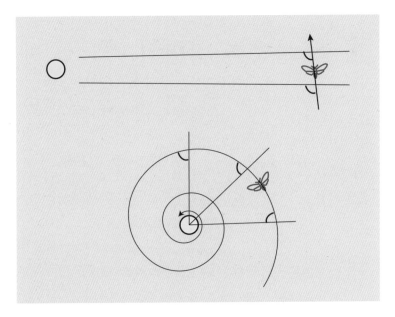

그림 10.1   횡단 정위로 날기. 위: 광원이 멀리 있는 경우(자연 상태). 아래: 광원이 가까이 있는 경우. 표시된 각은 모두 크기가 똑같다.

공 광원 하나를 나방과 아주 가까운 곳에 걸어 두면 어떻게 될까? 빛에 대한 각도를 일정하게 유지하려는 그 가엾은 녀석은 수학의 법칙에 굴복해 '비운의 나선' 경로로 접어들고 말 것이다(그림 10.1 아래). 앞 장에서 살펴보았듯이, 나선과 반지름 벡터 사이의 각이 일정하다는 것은 등각 나선, 즉 로그 나선의 본질적 속성이다.

이것은 설령 사실이 아니더라도, 재미있는 이야기이긴 하다.

또 다른 재미있는 이야기가 있다. 맹금류(매, 독수리 등)는 머리 옆으로 45° 쯤 되는 방향을 보는 시력이 특히 더 좋다. 미국의 동물학자 밴스 터커Vance Tucker(2000)는 자신을 지켜보는 매와 독수리의 머리

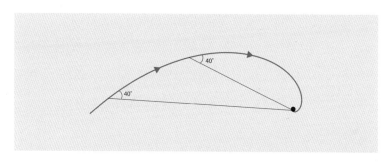

그림 10.2　사냥감(검은 점) 쪽에 각도를 40°로 일정하게 유지하는 매의 접근 경로(빨간색).

위치를 유심히 관찰했다. 그 새들은 대부분 고개를 옆으로 40° 정도 돌렸는데, 이는 분명히 대상을 좀 더 뚜렷이 보기 위해서였다. 그렇다면 맹금류는 사냥감을 향해 급강하할 때 어떻게 하는 것이 좋을까? 그들에게는 두 가지 선택지가 있다. 그들은 고개를 옆으로 돌릴 수 있는데, 그렇게 하면 공기 저항이 커진다. 아니면 그들은 항상 동선動線 접선의 45° 옆 방향에 사냥감이 위치하도록 날아감으로써 꼭 나방처럼 로그 나선 궤적을 그릴 수도 있다(그림 10.2). 터커의 계산 결과에 따르면, 그런 경로가 직선 경로보다 길긴 하지만, 고개를 계속 똑바로 하고 있으면 공기 저항이 최소화되므로 사냥감의 위치에 오히려 더 빨리 이를 수 있다. 게다가 이것은 이론에 불과한 이야기가 아니다. 터커 등(2000)은 로키산맥에 정교한 광학 추적 장치를 설치해 송골매들의 비행경로를 측정했다. 그 경로는 정말 곡선형으로, 이론상의 로그 나선과 꽤나 비슷했다.

　가령 광원이나 사냥감에 대해 일정한 각도로 이동하는 것이 아니라 나침반을 이용해 북쪽에 대해 일정한 방위로 이동한다고 해 보자.

나방처럼 이동 거리에 비해 북극이 멀리 떨어져 있기만 하면 아무 문제가 없을 것이다. 하지만 아주 멀리 이동하거나 북극 근처에 있다면 직선이 아닌 나선을 그리며 이동해 결국 '세상의 중심축' 위에 이를 수밖에 없으리라. 우리는 나중에 이 이야기로 돌아올 것이다.

11

둥근 테셀레이션

평면을 똑같은 모양의 여러 기하 도형으로 뒤덮되 그런 단위 도형이 각 동심원을 따라 일정 수만큼씩 배열되도록 하면, 로그 나선의 유난히 아름다운 예가 나타난다. 탁월한 실례 중 하나는 그리스 코린트에 위치한 2세기에 건축된 로마 저택 바닥의 놀라운 모자이크화인데, 중심부의 디오니소스(아폴로라는 설도 있다)가 삼각형으로 구성된 둥근 테셀레이션tessellation(쪽매맞춤 무늬)에 둘러싸인 모습을 보여 준다(그림 11.1). 술의 신을 중심으로 어지러운 그 무늬는 분명 파티에서 상당히 눈길을 끌었으리라! 문제는 현지의 그리스인 수학자가 저녁 초대를 받고 거기 갔다면 어떤 말을 했겠는가다. 왜냐하면 그 무늬의 기하학적 구조는 자세히 살펴볼 만하기 때문이다.

어떤 색이 칠해진 삼각형 하나에 대해 생각해 보자. 그 삼각형에서 바깥쪽을 가리키는 꼭짓점의 내각은 거의 직각이고, 두 밑각은 약 45°다. 그리고 밑변은 어떤 원 위에 있다. 그러면 결과적으로 삼각형의 바깥쪽 꼭짓점과 원의 중심을 지나는 방사상 직선이 삼각형의 옆

그림 11.1　그리스 코린트에 있는 2세기 로마의 바다 모자이크화.

변과 어느 경우에나 약 $45°$를 이루므로, 팽창 계수 $k = \cot an 45° = 1$인 등각(로그) 나선들이 서로 가로지르며 얽히고설킨 상태로 나타나게 된다(그림 11.2). 위에서 말한 모자이크화에서는 그런 나선 중 몇 개가 검은색 삼각형 덕분에 뚜렷이 보인다.

　여러 나선형으로 디오니소스를 감싼 작은 후광halo과, 무늬 전체의 테두리에 해당하는 이중 나선 또한 매우 흥미롭다. 해당 미술가가 과연 그 테셀레이션의 나선성을 알고서 다른 요소들도 같은 주제에 따라 만들기로 했을까?

　미국의 수학자 폴 카터Paul Calter(2000)는 폼페이의 비슷한 모자이

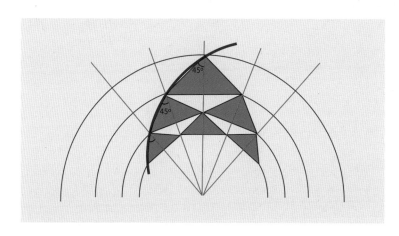

그림 11.2　'직각 삼각형'으로 구성된 둥근 테셀레이션의 세부. 삼각형들의 옆변은 방사상 직선과 45°를 이루어, 등각(로그) 나선에 아주 가까운 형태를 만들어 낸다. 동심원들의 반지 름은 등비수열을 이룬다.

그림 11.3　M. C. 에스허르의 〈삶의 행로 III *Path of Life III*〉(1966).

그림 11.4   1871년 축성된 몰타 모스타의 원형 교회.

크화로 학계의 관심을 끌었다. 로그 나선 모양에 착안한 그는 그것을
'로그 로제트logarithmic rosette'■라고 불렀다. 그런 구조는 네덜란드 판
화가 모리츠 코르넬리스 에스허르Maurits Cornelis Escher의 몇몇 작품
에서도 찾아 볼 수 있다. 그림 11.3에는 새가 동심원마다 12마리씩 있
고, 그 결과로 생기는 나선형들이 선으로 표시되어 있다.

　　건축계에는 돔의 안쪽 면을 로그 로제트로 장식하는 별난 전통이

■ 로제트란 장미꽃 모양의 장식을 말한다.

그림 11.5　1618년경 완공된 이란 이스파한의 셰이크 로트 알라 모스크.

있다. 지중해에 위치한 섬나라 몰타의 도시 모스타에 있는 교회의 거대한 돔이 좋은 일례다. 그 로제트의 단위 무늬는 각 동심원마다 32개씩 배열되어 있는데(디오니소스 모자이크화에서처럼!), 극점 쪽으로 갈수록 크기가 작아져서 원근감을 과장시키며 장엄한 느낌을 준다(그림 11.4).

　　훨씬 더 인상적인 실례는 이란 이스파한에 있는 셰이크 로트 알라 모스크Sheik Loth Allah Mosque(셰이크로트폴라Sheik Lotfollah 모스크)▪의

▪ 사파비 왕조의 전성기를 이끈 샤 아바스가 존경받던 성직자인 장인을 기리기 위해 세운 것으로 다른 모스크에 비해 규모는 작지만 매우 아름답다. 11세기 초반의 건축 기법을 따라 타일

그림 11.6　　스페인 세비야 근처에 있는 제마솔라 발전소. 헬리오스탯이 설치된 구역은 전체 폭이 1.6km 정도 된다. 항공에서 촬영한 사진.

돔이다(그림 11.5). 거기에도 단위 무늬가 동심원마다 32개씩 있는데, 그렇다면 모스타 돔은 이 이스파한 모스크의 영향을 받은 것일까?

　　더 현대적이면서도 그들 못지않게 아름다운 예는 스페인의 세비야 근처에 있는 제마솔라Gemasolar 발전소다(그림 11.6). 거기서는 매일 하늘을 가로지르는 태양의 움직임에 따라 각도가 바뀌는 '헬리오스탯 heliostats'이란 대형 거울 2650개로 햇빛을 140m 높이의 타워 쪽으로 반사시켜 다량의 용융염을 가열해 두었다가 증기 터빈 구동에 쓴다.

을 장식했는데, 건축된 당시 모스크의 인테리어가 가장 뛰어났기 때문에 타일의 색채가 아주 절묘하다.

그림 11.7   인도공작 *Pavo cristatus*.

그런 용융염으로 밤에도 터빈을 계속 구동하는 제마솔라 발전소는
24시간 내내 20메가와트의 전력을 공급하여, 해마다 이산화탄소 배출
량을 3만 톤씩 줄여 준다. 헬리오스탯은 방사상의 세 구역에 설치되
어 있는데, 그중 바깥쪽의 두 구역에서는 둥근 테셀레이션 모양으로
엇갈리게 배열되어 $k=1$인 로그 나선들을 형성한다. 태양과 나선의
이런 연관성은 고대의 기호 체계와 잘 부합하는데, 이에 대해서는 나
중에 이야기하자.

둥근 테셀레이션의 가장 화려한 예는 역시 공작 꽁지의 눈 모양
무늬일 것이다(그림 11.7). 그림 11.8에는 가장 오래되어 가장 큰 깃털
이 연회색으로 표시되어 있다(가장 바깥쪽에 반원형으로 배열된 눈 모양

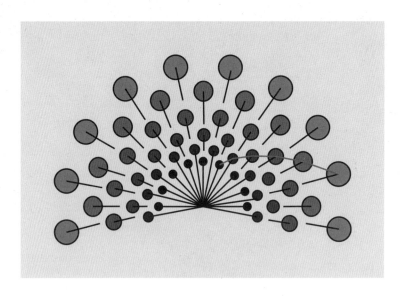

그림 11.8　공작 꽁지의 발달 과정을 단순하게 나타낸 그림. '검은색' 깃털이 가장 어린 깃털이다. 로그 나선 형태 중 하나가 표시되어 있다.

무늬). 모든 깃털이 자라고 있으므로, 때가 되면 가장 어린 깃털(가장 안쪽에 반원형으로 배열된 검은색 무늬)이 바깥쪽으로 웬만큼 이동함에 따라 새로운 세대의 자잘한 깃털이 돋아나 앞 세대 깃털의 사이사이에 자리 잡게 될 것이다. 만약 이 단순한 과정이 더없이 정확하게 진행된다면, 그 새는 눈 모양의 단위 무늬들이 로그 나선 여러 개를 방사형으로 이룬, 정말 놀랍고 규칙적인 둥근 테셀레이션을 얻게 될 것이다. 그런 무늬는 수컷의 유전적 질을 쉽게 알아볼 수 있는 척도가 된다. 발달 시기에 결함이 조금이라도 있다면 무늬의 변칙성이 뻔히 보이도록 드러날 테니까.

원형 구조물을 보강하는 법

1920년대와 1930년대에 거대한 체펠린zeppelin▪ 비행선airship의 건조 과정에서 중시된 문제 중 하나는 구조적 견고성이었는데, 1929년 독일의 엔지니어 카를 아른슈타인Karl Arnstein이 미 해군 비행선 USS 애크런Akron호와 USS 메이컨Macon호▪▪를 설계할 때는 선체의 강도가 최우선 사항이었다. 애크런호는 총길이가 239m였고, 원형 대들보girder의 간격이 22.5m였다. 그런 대들보들은 각각 고장력 강선으로 충분히 보강해 튼튼하게 만들었다(그림 11.9). 비틀림torsion을 줄이기 위해 그 강선들은 반지름 방향의 힘뿐 아니라 접선 방향의 힘도 받았다. 어디에서나 강선들은 서로서로와도 일정한 각도로 만났고, 자기들이 구축한 반지름 방향의 힘과도 일정한 각도로 만났다. 그런 일정한 각도 덕분에 힘이 철망 전체에 걸쳐 같은 세기로 골고루 배분되었다. 이런 일을 구현하려면, 둥근 테셀레이션 모양의 구조를 만들어 각 강선이 등각 나선에 가까운 형태를 띠게 하는 수밖에 없다.

힌덴부르크Hindenburg호▪▪▪에서는 그런 구조를 취하지 않고, 더

▪ 독일의 퇴역 군인인 페르디난트 그라프 폰 체펠린Ferdinand Graf von Zeppelin이 경식 비행선 연구에 몰두한 결과 1900년 7월 2일 최초의 체펠린 비행선이 할레에서 날아올랐다. 이후 개발을 거듭하여 정기 항공편을 운행했고 1차 세계 대전이 발발하자, 독일군은 체펠린을 폭격과 정찰용으로 이용했다.

▪▪ 1931년 미국 해군이 보유한 애크런호와 메이컨호는 당시 세계에서 가장 큰 비행선이었다. 2차 세계 대전 중 독일군의 공격 경로를 파악하기 위해 방어용으로 만든 이 비행 정찰선들은 원인 불명의 고장을 일으켜 바다로 추락했다.

▪▪▪ 독일의 체펠린사가 1931~1936년까지 5년에 걸쳐 설계, 제작한 비행선으로, 정식 명칭은 LZ 129다. 길이 245m로 당시 최대 비행선이자 최대 속도로 비행했다. 나치의 재정 지원을 받아 제작된 탓에 꼬리 날개에 나치 깃발이 그려졌고 나치를 선전하는 전단을 살포하는 데 동원되기도 했다. 내부에 고급 식당, 라운지, 도서관, 산책용 통로가 있었고, 그랜드 피아노까지 갖춘 초호화 비행선이었다. 1937년 5월 4일 승객 36명과 승무원 61명을 태우고 그해 첫 대서양

그림 11.9　USS 애크런호에 쓰인 원형 대들보의 구조.

단순한 배열 방식을 써서 강선이 원 중심에서 사방으로 곧게 내뻗도록 했다. 1937년에 일어났던 유명한 참사는 원인이 명백히 밝혀지진 않았지만, 당시 조사 결과에 따르면 착륙 준비 도중에 급선회하던 선체가 압력을 받아 강선이 끊어져서 수소 탱크가 찢어졌을 가능성이 있다. 만약 그런 단순한 방사형 대신 로그 나선 모양을 사용했더라면, 당시 기내에 있던 사람들의 목숨을 구할 수 있었을지도 모른다.

해바라기

두상화서頭狀花序/capitulum*로 피는 해바라기꽃이나 드린국화꽃에서 가운데 부분의 관상화라는 낱꽃들은 수백 년간 연구 주제가 되어 온 아름다운 나선형을 이룬다. 앵무조개와 함께 해바라기는 수리생물학의 상징이다. 그 낱꽃들은 처음에 중앙부(화경정花莖頂)에서 원기原基/primordium**라는 작은 원시 세포의 형태로 생겨난 다음, 차츰차츰 생장하며 바깥쪽으로 이동한다. 만약 낱꽃들이 계속 자기 모양을 유지하면서 꽃받침 위를 빽빽이 채우는 경향이 있다면, 그 결과로 둥근 테셀레이션이 나타날 법도 하다. 이는 사실에 아주 가깝다. 실제로 준準 로그 나선 모양이 뚜렷이 보이는데, 물론 불규칙하고 변칙적인 부분도 더러 있긴 하다(그림 11.10의 드린국화꽃에서 바깥쪽 가장자리로부터 중

횡단 비행에 나선 힌덴부르크호는 독일을 출발해 5월 6일 목적지인 미국 레이크허스트 해군 비행장에 착륙을 시도하다 폭발해 총 36명이 사망했다.
■ 여러 꽃이 꽃대 끝에 모여 머리 모양을 이루어 한 송이의 꽃처럼 보이는 것을 이른다. 국화과 식물의 꽃 따위가 있다.
■■ 개체 발생에 따라 기관이 형성될 때 그것이 형태적, 기능적으로 성숙되기 이전의 단계를 말한다.

그림 11.10　위: 드린국화꽃. 아래: 솔방울의 밑부분. 왼돌이 사열선이 8개, 오른돌이 사열
선이 13개 있다. 8과 13은 서로 이웃하는 피보나치 수다.

심부로 말려 들어가는 나선 모양을 한번 찾아보라).

　　해바라기꽃의 유명하고 수수께끼 같은 속성 중 하나는 방향이 동
일한 나선(이른바 사열선斜列線/parastichy)의 개수가 대체로 '피보나치
수'라는 것이다. 그런데 그러한 경향은 해바라기에서뿐만 아니라 여
러 식물에서 나타난다. 피보나치 수는 각 항이 앞의 두 항의 합과 같
은 수열, 즉 1, 1, 2, 3, 5, 8, 13, 21, 34 …와 같이 계속되는 수열을 이

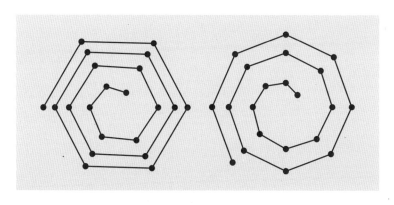

그림 11.11　잇달아 발생한 낱꽃 간의 각거리가 $60°$ ($360°$의 1/6)와 $45°$ ($360°$의 1/8)인 경우. 낱꽃들 사이에 '직선'을 그어 두었다. 가장 최근에 생긴 낱꽃은 가장 안쪽에 있다.

룬다. 이처럼 수에 관한 갖가지 기묘한 이야기들은 끝이 없다 보니, 이들을 전문적으로 다루는 학자나 단행본, 학술지도 적지 않다. 식물과 관련된 피보나치 수들은 하나의 과학 연구 분야를 낳기도 했다. 그 결과 최근 이런 현상에 대해 이모저모가 조금씩 밝혀지고 있다.

　가령 해당 식물이 낱꽃으로 꽃받침 위를 최대한 빽빽하게 채우길 '바란다'고 치자. 그리고 낱꽃이 중앙의 화경정 언저리에서 바로 앞의 낱꽃과 일정한 각거리를 두고 한 번에 하나씩 새로 생겨난다는 사실을 우리가 안다고 하자. '나선 잎차례'라고 부르는 그런 배열 방식은 식물 생장의 기본 원리 중 하나다. 마지막으로 상황을 단순화하여, 낱꽃들이 그런 발생 단계 이후에는 더 이상 생장하지 않는다고 가정하자(이로써 우리는 로그 로제트로부터 조금 멀어지게 된다). 그렇다면 문제는 이것이다. 각도 증분을 얼마로 해야 최적의 분포 상태를 얻을 수 있을까? $360°$의 1/6이나 1/8처럼 원 전체 중심각에 단위 분수를 곱한 값

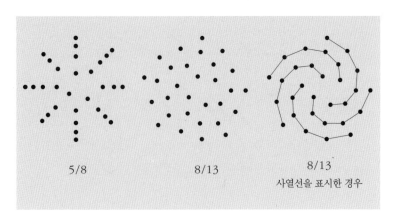

5/8

8/13

8/13
사열선을 표시한 경우

그림 11.12 　각거리가 360°의 5/8와 8/13일 때 낱꽃이 분포하는 방식.

을 적용해 보면, 별로 좋지 않은 결과가 나올 것이다(그림 11.11).

　　그런 경우에 낱꽃들은 방사상으로 배열되어 여섯 줄이나 여덟 줄로 곧게 늘어서므로 공간을 그다지 효율적으로 채우지 못한다. 360°에 2/3나 3/4 같은 다른 단분수를 곱한 값을 사용해도 별로 도움이 되지 않는다. 2의 제곱근 같은 무리수를 사용하면 조금 낫다. 그런데 이왕 피보나치 이야기가 나왔으니, 서로 이웃하는 피보나치 수의 비를 사용하면 어떻게 될까? 일단 5/8와 8/13을 사용해 보자(그림 11.12).

　　5/8를 사용하는 경우, 꽃의 가운데 부분에서는 꽤 괜찮은 결과가 나타나지만, 바깥 부분에서는 낱꽃들이 가지런해지면서 또다시 여덟 줄로 곧게 늘어서 버린다. 하지만 8/13을 사용하면, 뭔가 이상한 일이 벌어진다. 그런 경우에는 낱꽃들이 더 고르게 분포하는데, 잠시 실눈을 뜨고 잘 살펴보면 나선 모양의 사열선을 찾아낼 수 있다. 나에게는 나선 5개가 시계 반대 방향으로 내굽는 모습이 보인다. 만약 우리가

어떤 해바라기를 만드는 데 360°에 서로 이웃하는 피보나치 수의 비를 곱한 값이 잇달아 발생한 낱꽃 간의 각거리가 되게 한다면, 사열선의 개수 또한 피보나치 수에 해당할 것이다(이를 '증명'할 수도 있을 듯싶다). 그런데 일반적으로 이런 모의실험에서는 반지름이 각의 제곱근에 비례하도록 설정한다.

이런 식으로 계속하면, 피보나치 수열을 따라 멀리 나아갈수록(13/21, 21/34 등), 좀 더 고른 분포 상태를 얻게 된다. 밝혀진 바에 따르면, 우리가 최적의 분포 상태를 얻는 것은 '극한'까지 계속 나아갈 때, 즉 그 수열을 따라 무한히 멀리 나아갈 때다. 그런 경우에 서로 이웃하는 피보나치 수의 비는 $(\sqrt{5}-1)/2$로 수렴하는데, 이 값은 '황금비'의 역수에 해당한다. 그림 11.13은 각도 증분을 $360 \times (\sqrt{5}-1)/2$, 즉 약 222.49°로 할 때 낱꽃 250개까지가 어떤 모양으로 배열되는지 보여 준다. 직접 세어 보니, 바깥쪽 부분에는 사열 나선이 각 방향으로 34개씩 있다. 만약 이 모의실험 프로그램을 계속 실행해 낱꽃을 더 많이 표시하면, 나선의 개수는 아마 그다음 피보나치 수인 55로 늘어날 것이다.

그러므로 기하학적 관점에서 보면, 낱꽃의 배열 방식은 어떤 단순한 수학 모형에 따라 이론적으로 설명할 수 있다(Vogel, 1979). 낱꽃에 매긴 번호를 n이라고 할 때(가장 안쪽의 낱꽃이 1번이다), 극좌표에서 우리는 다음과 같은 관계식을 이용할 수 있다.

$$\Phi = 2\pi n \left(1 - \frac{\sqrt{5}-1}{2} \right)$$
$$r = c\sqrt{n}$$

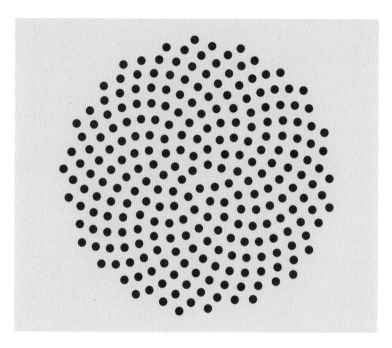

그림 11.13　포겔의 해바라기 방정식으로 낱꽃을 250개까지 배열한 것이다. 부록 B에 프로그램 코드가 있다.

이 공식으로 계산하면, 잇달아 발생하는 낱꽃 간의 각거리로 137.5°라는 값을 얻을 수 있다. 이 모형은 실제 생물적 과정을 나타내지 않는다. 여기서 낱꽃들은 가장자리에 덧붙을 뿐, 이동하진 않기 때문이다. 종종 언급되듯이, 독일 물리학자 헬무트 포겔Helmut Vogel의 모형은 크기가 비슷비슷한 요소들이 빽빽이 분포하는 상태를 보여 주지만, 해바라기의 실상을 고스란히 담아내진 않는다. 실제 해바라기에서는 낱꽃들이 점점 커지면서 바깥쪽으로 이동한다. 미국의 공학자 코리 눈Corey Noone 등(2012)은 해바라기에 기초한 포겔의 모형을 태양열 발전소의 헬리오스탯 배열 방식으로 추천하며, 이 모형을 사용하면 제마솔라 발전소에서 쓰이는 둥근 테셀레이션 모양의 구역(그림 11.6)보다 효율적인 분포 상태를 얻을 수 있다고 보았다.

포겔의 방정식은 '포물' 나선(일명 페르마 나선)을 나타내는데, 그런 나선에서는 반지름이 회전각의 제곱근에 비례한다. 그런데 원기가 순차적으로 추가됨에 따라 나타나는 나선(생식 나선)과 해바라기꽃에서 외견상으로 보이는 나선(사열선)은 꼭 구별해야 한다.

해바라기의 나선 문제는 얼마 전까지만 해도 이 정도로 이해되었다. 지금까지 한 이야기를 요약하면 다음과 같다. 해바라기는 어떤 메커니즘을 사용할 수밖에 없는데 그 메커니즘을 우리는 나선 잎차례라고 부른다. 이것은 진화의 산물이다. 그런 메커니즘 안에서 최적의 분포 상태를 얻기 위해 해바라기는 잇달아 발생하는 낱꽃들 간의 각거리를 정확히 137.51°(황금각)에 맞춘다. 결과적으로 어떤 '심오한' 수학적 관계 때문에 나선형 사열선의 개수는 피보나치 수가 된다.

하지만 이런 식의 해석은 오랫동안 만족스럽지 못하다고 여겨져 왔다. 해바라기는 그 메커니즘이 제대로 기능하도록 하기 위해서는 해당 각도를 매우 정밀하게 제어해야 한다. 그런데 어떻게 일개 식물이 각도를 그토록 정밀히 측정할 수 있을까? 몇몇 물리학자와 수학자(Douady & Couder, 1996 등)는 이전과는 전혀 다른 모델들을 적용해 보기 시작했다. 그런데 2002년 이후 발표된 일련의 논문(그중 몇 편은 저명한 학술지인 〈네이처〉와 〈사이언스〉에 실렸다)에서 분자생물학자들은 기존의 해석을 완전히 뒤집는 돌파구를 찾아냈다. 식물의 생식과 발생을 연구하는 마시밀리아노 사시Massimiliano Sassi와 테바 브누Teva

Vernoux(2013)는 지금 알려진 바에 대한 훌륭한 리뷰 논문을 내놓았다.

밝혀진 바에 따르면, 식물체의 특정 부분에는 옥신auxin이란 신호 전달 물질이 있는데, 이들은 낱꽃이 새로 생겨나는 곳의 세포들의 작용으로 분해된다. 한편으로 그 세포들은 자기 주변의 옥신 농도를 측정하기도 한다. 만약 그 농도가 웬만큼 높아진다면, 근처의 낱꽃 밀도가 낮다는 뜻이다. 바로 그런 경우에 낱꽃 하나가 새로 생겨나게 된다. 그래서 결과적으로는 간격 패턴을 자율적으로 만들어 내는 자기 조직계self-organizing system가 성립된다.

그런 식물이 가만히 제자리에서 엔지니어처럼 각도를 재고 있는 것은 아니다. 자연계는 절대 그런 식으로 돌아가지 않는다. 그런 식물이 최적의 분포 상태를 얻기 위해 특정 각도를 내보이는 것은 아니다. 오히려 최적의 분포 상태는 자율적으로 형성되고, 각도는 부산물에 불과하다. 그 체제가 그토록 정밀하고 탄탄한 것도 바로 이런 이유 때문이다. 게다가 이 메커니즘을 쓰면, 자연계에서 보이듯 낱꽃들이 발생 단계 이후에도 생장할 수 있다. 피터 스티븐스Peter Stevens는 이미 1974년 《자연의 형태Patterns in Nature》에서 이를 다음과 같이 꽤 직설적으로 표현한 바 있다(Davis, 1993에서 재인용).

그들은 그냥 자루나 낱꽃이 줄기 정단부 둘레에서 잇달아 자라나 저마다 서로서로의 틈에 꼭 맞게 자리하도록 할 뿐이다. 식물이 피보나치 수열을 딱히 좋아하는 것은 아니다. 그들은 자루의 개수를 세지도 않는다. 그들은 그저 자루가 공간이 가장 여유로운 곳에서 돋아나게 할 뿐이다.

12

밧줄과 소총

현대 수학자들은 '스파이럴spiral'과 '헬릭스helix'를 구별한다. 스파이럴은 기본적으로 반지름이 편각(극각)의 함수로서 증가하는 2차원 도형이고, 헬릭스는 3차원 원기둥이나 원뿔의 곡면 위에 있는 나사 모양의 곡선이다. 미적·직관적 관점에서 보면, 스파이럴과 헬릭스는 같은 부류에 속한다. 둘 다 빙빙 비틀려 돌아가는 모양의, 시작점도 끝점도 없는 열린 곡선이기 때문이다. 둘 다 유한하면서도 무한하고, 소용돌이 꼴을 이루며, 최면을 걸듯 마음을 사로잡는다. 아르키메데스는 아르키메데스 나선을 가리킬 때 '헬릭스'라는 말을 썼고, 일상생활에서 사람들은 나선 계단spiral staircase(실은 헬릭스에 해당한다)에 대해 얘기할 때처럼 두 단어를 뒤섞어 쓰는 경우가 많다.▪

고둥류의 나선형 껍데기와 마찬가지로 헬릭스는 왼돌이일 수도

▪ 'spiral'은 '와선渦線/蝸線,' 'helix'는 '나선螺旋'으로 엄밀하게 구분해 번역할 수도 있지만, 그렇게 할 경우 의미상 오히려 혼란이 있을 수 있다. 이 책에서는 기본적으로 둘 다 나선으로 옮기되 필요시에만 각각을 평면 나선과 입체 나선으로 옮기거나 음차로 표기해 구별했다.

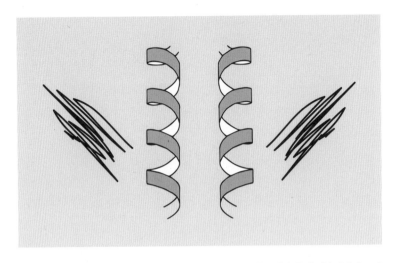

그림 12.1　왼쪽: 왼돌이 헬릭스(이쪽 부분에 회색으로 음영을 넣었다)와 왼손잡이가 그린 음영. 오른쪽: 오른돌이 헬릭스와 오른손잡이가 그린 음영.

있고 오른돌이일 수도 있다. 헬릭스의 끝부분을 정면으로 바라보면, 오른돌이 헬릭스는 관찰자에게서 멀어지며 시계 방향으로 빙빙 돌아가는 모양으로 보일 것이다. 그리고 왼돌이 헬릭스는 관찰자에게서 멀어지며 시계 반대 방향으로 돌아가는 모양으로 보일 것이다. 그것을 바라보는 방향은 상관없다. 오른돌이 헬릭스는 양 끝 중 어느 쪽에서 보든 오른돌이로 보인다. 이를 기억하는 또 다른 방법(그림 12.1)은 오른돌이 헬릭스의 이쪽 부분이 다들 마치 오른손잡이가 그린 음영처럼 왼쪽 아래에서 오른쪽 위로 올라가는 방향을 취한다고 생각하는 것이다. 물론 가장 상징적인 헬릭스는 DNA의 이중 나선이다. 세포에 들어 있는 DNA는 대부분 오른돌이 헬릭스다.

밧줄이 꼬인 방향 내지 모양새는 '꼬임새lay'라고 부른다. 밧줄을 만들려면, 세 가닥의 한쪽 끝을 고정한 후 다른 쪽 끝을 돌리면 된다. 오른손잡이는 밧줄을 시계 방향으로 꼬아 왼돌이 삼중 나선을 만들기 마련이다(물론 헷갈리겠지만, 직접 해 보면 내 말을 이해하게 될 것이다). 알려져 있는 아주 오래된 밧줄 가운데 어느 정도는 아마 이런 식으로 만들어져서, 그것을 만든 사람이 어느 쪽 손을 더 잘 썼는지를 반영할 것이다. 1991년에 알프스 지방에서 발견된 BC 3200년경의 석기 시대 '냉동 인간' 외치Ötzi가 몸에 둘렀던 왼돌이 밧줄은 매우 인상적인 일례다. 하지만 밧줄 제작용 기계 장치가 고대 이집트에서 이미 개발되었는데, 그 이후로는 왼돌이 밧줄을 특별히 선호하는 경향이 없었다(미술비평가 시어도어 쿡Theodore Cook의 주장은 이와 반대지만). 현대의 밧줄은 관습상 대부분 오른쪽으로 꼬여right-laid 있다.[■]

헬릭스 안쪽을 나선 축까지 '채우면,' 나사처럼 빙빙 비틀린 모양의 '헬리코이드helicoid'라는 나선면이 만들어진다. 굵기가 일정한 나사가 헬리코이드와 꽤 비슷하지만, 중심부가 원통형이라는 점에 차이가 있다. 아주 흥미로운 헬리코이드형 생물 중 하나는 멸종한 (석탄기·페름기) 이끼벌레로, '아르키메데스Archimedes'라는 적절한 이름을 얻었다(그림 12.2). 이 기묘한 군체 동물은 왼돌이나 오른돌이 둘 중 하나였는데, 키가 10cm 남짓에 이르기도 했다. 수천 마리의 자잘한 개체들은 물의 흐름을 만들어, 물이 맨 위로부터 군체에 들어와 죽 내려가서 밖으로 빠져나가며 각자의 다공성 나선면을 통과하게 했다. 분

■ 우리말에서는 헷갈리게도 'right-lay'를 '왼꼬임(Z 꼬임),' 'left-lay'를 '오른꼬임(S 꼬임)'이라고 한다. 하지만 의미상의 혼동을 줄이기 위해 '오른돌이,' '왼돌이' 등과 같이 앞에서부터 줄곧 써 온 표현을 썼다(오른쪽으로 꼰 오른돌이 밧줄은 왼꼬임 밧줄에 해당한다).

그림 12.2 　왼쪽: 아르키메데스라는 이끼벌레의 왼돌이 개체(복원도). 오른쪽: 1920년경에 만들어져 곡물 자루를 운반하는 데 쓰였던 오른돌이 나선형 미끄럼판 운반 장치로, 원래 높이는 16m였다. 노르웨이의 모스타운 산업박물관에 있다.

명히 맨 윗부분이나 주변부에서 사는 개체들이 먹이의 대부분을 차지하고, 맨 아래 중심부의 가련한 늙은 개체들은 군체가 성장함에 따라 서서히 굶어 죽어 갔을 것이다(McKinney et al., 1986).

현대 화기 대부분의 총신·포신 내부에 있는 강선腔線/rifling이라는 홈도 한 벌의 헬릭스 형태로 만들어진다. 권총과 소총에서는 보통 4중 나선이나 6중 나선을 사용한다(그림 12.3). 총포를 쏘면, 탄환이 총신·포신 안에서 팽창하므로, 강선의 나선형 홈이 탄환에 (마치 '조각'을 하듯) 자국을 남기게 된다. 그 결과로 탄환은 빠른 속도로 회전해 자이로스코프gyroscope처럼 안정화되므로, 표적을 좀 더 쉽게 맞힐 수

그림 12.3   내가 갖고 있는 강선이 오른돌이 4조인 티카Tikka T3 소총을 앞에서 정면으로 본 모습. 구경은 .3006이고(총구 지름 7.62mm), 총신 길이는 57cm이며, 강선은 28cm에 1회전을 한다(강선 회전율 11″).

있게 된다. 이 책에 나오는 나선들은 대부분 선하다. 하지만 소총의 나선은 악하다.

헬릭스를 둥글게 구부려 양 끝을 연결하면, '환상環狀 나선toroidal helix'이라는 아름다운 연속적 구조가 만들어진다. 이것은 청동기 시대와 철기 시대에 인기 있었던 멋진 팔찌나 반지의 모양에 해당한다. 짤막한 이중 나선 DNA 또한 양 끝이 이어져 고리 모양의 '플라스미드plasmid'가 되기도 한다(그림 12.4). 그리고 플라스미드 자체가 꼬여 고차 나선super helix 구조를 이루기도 한다.

환상 나선은 핵융합 에너지와 관련해서도 중요하다. '스텔러레이

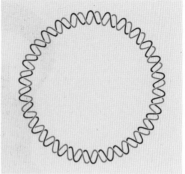

그림 12.4   왼쪽: 러시아 남서부에서 발견된 9세기 금팔찌. 오른쪽: 플라스미드는 DNA의 양 끝이 이어져 이중 환상 나선 구조를 이룬 유전자다.

터stellarator'라는 특이한 플라스마 가둠 장치에서는 이온들이 도넛형 경로의 안쪽과 바깥쪽을 번갈아 오가며 이동함에 따라 내향력과 외향력이 상쇄된다.

13

잃어버린 나선형들의 바다

중생대, 즉 공룡 시대는 마법 같은 시간이었고, 온갖 기묘한 뭍짐승과 바다 생물, 불가해한 크기의 진짜 괴수들이 번성했던 시대였으며, 악몽 같으면서도 기막히게 아름다운 시기였다. 2억 5200만 년 전부터 6600만 년 전까지의 그 장대한 시간 동안 티라노사우루스, 비행기만 한 익룡, 발소리가 천둥소리 같았을 용각류, 어룡, 해룡, 수장룡이 출현했다. 하지만 그 당시에는 무척추동물들도 대단했다. 바다에는 암모나이트가 무수히 많았다. 그 화석들이 도처의 중생대 암석에 있다 보니, 은행과 공항 터미널의 석회암 바닥 같은 뜻밖의 장소에서도 수없이 발견된다. 그 껍데기의 기본적인 나선 모양이야 누구든 쉽게 알아볼 수 있지만, 암모나이트는 수천 종으로 다채롭게 구성된 집단이었기에, 퇴적암의 연대를 추정하는 데 안성맞춤이다. 아마 그들의 완전한 나선형 껍데기들은 수없이 해변으로 쓸려 와 여기저기 수북이 쌓여, 안쪽 면의 진주층이 햇빛에 반짝반짝 빛나다가, 지나가던 공룡 떼의 발에 밟혀 으스러지곤 했을 것이다. 암모나이

그림 13.1　영국 요크셔에서 채취한 쥐라기 초기 암모나이트 닥틸리오세라스*Dactylioceras*. 지름이 7cm다.

트 껍데기는 생명체가 만들어 낸 역대 최고로 아름다운 물체로 꼽힌다(그림 13.1).

　몸 구조의 기본 형식 면에서 암모나이트는 앵무조개와 비슷하다. 둘 다 헤엄을 치는 두족류로, (보통) 나선형인 껍데기가 여러 방으로 나뉘어 있고, 연실세관이라는 기다란 튜브가 껍데기 전체에 걸쳐 이어져 있다. 게다가 우리는 암모나이트가 앵무조개류로부터 진화했으며 그 진화 과정이 중생대 전에 1억 년간 서서히 진행됐다고 본다(엄밀히 따지자면, 제대로 된 암모나이트는 약 2억 년 전의 쥐라기, 즉 중생대 중기에야 비로소 출현했다. 중생대 초기의 형태는 '암모노이드ammonoid'라고 부르는 것이 적절하다). 하지만 암모나이트는 앵무조개류와 여러모로 상당히 달랐다. 화석에서 현저히 구별되는 점 하나는 기방氣房들의 경계에 해당하는 벽(격벽)의 모양이다. 격벽이 껍데기의 바깥쪽 면과 만나는 부분에는 '봉합선'이 뚜렷이 나타난다. 앵무조개류의 격벽은 단순하고 매끈한 곡면이다. 하지만 암모나이트의 격벽은 전혀 단순하지 않다. 그 벽은 엄청나게 고불고불하며 여러 큰 주름 위에 자잘한 주름이 있는 형태여서, 복잡다단한 프랙털fractal 봉합선을 이룬다.

암모나이트는 매우 흔한 화석이긴 하지만, 아직도 수수께끼로 남아 있다. 화석에서 연질부는 보존되어 있는 경우가 극히 드물고, 설령 보존돼 있다 하더라도 어렴풋한 흔적만 남아 있어 학자들 간에 논쟁을 끊임없이 불러일으킨다. 때때로 극단적인 가설이 나오기도 하는데, 이를테면 암모나이트가 해저에서만 사는 정주성 동물이었다거나, 껍데기가 외부 구조가 아닌 내부 구조로서 미지의 어떤 큼직한 연질체로 둘러싸여 있었다는 식이다. 이런 가설들은 개연성 없는 시나리오일지는 몰라도, 암모나이트의 형태에 대한 화석 증거가 부족하다는 사실을 단적으로 보여 준다.

암모나이트는 대부분 크기가 5~10cm로 꽤 작은 편이었지만, 개중에는 거대한 종류도 있었다. 어떤 나선형 거물이 쥐라기나 백악기의 깊은 바닷속에서 마치 프랜시스 수차와 같은 모습으로 유유히 헤엄쳤을지는 아무도 모르지만, 우리는 단서가 되는 범상치 않은 화석을 어느 정도 확보하긴 했다. 그중 가장 큰 것은 백악기 말에 살았던 파라푸조시아 세펜라덴시스*Parapuzosia seppenradensis*의 7500만 년쯤 된 화석이다. 그 화석은 1895년에 독일 서북부의 베스트팔렌 지방에서 발견되었다. 지름이 174cm이지만 가장 바깥쪽의 방이 보존되어 있지 않은데, 원래 껍데기는 지름이 무려 3.5m에 이르렀을 것으로 추정된다(Teichert & Kummel, 1960).

14

하늘의 광대한 나선형

19세기 잉글랜드와 아일랜드의 계급 구조가 우리의 현대적 이상과는 맞지 않지만, 그 덕분에 몇 가지 과학적 대업적이 이루어졌음은 부인할 수 없다. 3대 로스 백작인 윌리엄 파슨스William Parsons를 예로 들어 보자. 그는 1800년 2대 로스 백작인 아일랜드 중부 파슨스타운(지금의 비Birr) 대지주의 아들로 태어났다. 누구라도 그와 같은 경제적 풍요로움에다 뛰어난 지성과 응용공학에 대한 재능을 겸비한다면, 과학적 성공의 비결을 갖춘 셈이다.

윌리엄 파슨스가 열정을 쏟은 대상은 망원경 제작이었다. 1842년에 그는 정말 엄청난 규모의 프로젝트에 착수했다. 바로 '파슨스타운의 괴물'이라는 거대한 뉴턴식 반사 망원경을 만드는 일이었다. 그 망원경은 청동 주경primary mirror의 지름이 1.8m였고 경관telescope tube의 길이가 17m였다. 그 어마어마한 건조물의 방향을 바꾸려면 조수가 여럿 필요했고, 관측자는 지상 20m 정도의 높이에 아슬아슬하게 매달려 있어야 했다. 무엇보다 놀라운 것은 그 망원경이 훌륭한 광학

그림 14.1 　 3대 로스 백작이 만든 183cm 구경의 뉴턴식 망원경 '파슨스타운의 괴물.' 이 사진은 1914년 이전에 찍은 것으로 추정된다.

적 성능을 갖춘 정밀 기기였다는 점이다(그림 14.1).

　대기근 초기였던 1845년 4월, 달이 뜨지 않은 어느 맑은 밤에 백작은 북두칠성을 올려다보며 그 손잡이 모양의 끝부분까지 훑고는 이어서 남서쪽 3도 30분쯤 되는 방향으로 시선을 돌렸다. 명령이 내려지자, '괴물'은 느릿느릿 마지못해 목표물인 사냥개자리의 한 흐릿한 점 쪽으로 회전했다. 프랑스의 천문학자 샤를 메시에는 1773년에 그 희미한 성운 모양을 발견하고는 그의 유명한 목록에서 그 천체에 51이라는 번호를 매긴 바 있다. 분명히 그 순간 백작은 짜릿한 기분이었을 것이다.

밤하늘에서 상당수가 맨눈에도 보이는 불가사의한 성운형 천체들의 본질은 한 세기 동안 논란거리가 되어 온 터였다. 그중에는 평범한 광학 장치만으로도 낱낱의 항성으로 분석되는 종류가 더러 있었는데, 그런 성단들은 별로 논란을 일으키지 않았다. 하지만 나머지는 여전히 애매한 모양의 유령 같은 성운형 천체로만 알려져 있었다. 1750년대에 이마누엘 칸트Immanuel Kant를 비롯한 몇몇 학자들은 그런 천체 중 일부가 먼 '섬 우주island universe,' 즉 우리 은하처럼 무수한 항성으로 구성되지만 훨씬 멀리 떨어져 있는 구름 모양 천체일 수도 있다고 추측했다. 1845년 당시에는 우주의 구조에 대한 이 근본적인 문제가 아직 해결되지 않은 상태였다.

M51은 광학 장치를 이용하지 않으면 알아볼 수 없지만, 7×50 쌍안경 정도만 있으면 밤하늘에서 발견할 수 있다. 물론 이 경우에는 유령처럼 흐릿하게 빛나는 모양으로만 간신히 보이겠지만 말이다. 그런데 로스 백작은 M51을 관찰했을 때 뭔가 참으로 아름다운 것을 보았다. 그가 본 것은 바로 '소용돌이 은하,' 즉 여러 나선형이 서로 맞물린 채 희미하게 빛나는 인상적인 소용돌이 모양이었다(그림 14.2). 백작에게는 그 안에서 반짝이는 자잘한 점, 즉 항성들의 미광도 언뜻언뜻 보였다. 이후 수년에 걸쳐 그는 그것과 비슷한 여러 성운형 천체를 연구했는데, 그중에는 나선형도 있었고 타원형도 있었다.

로스 백작은 지구에서 최초로 은하의 나선 구조를 본 관측자였다. 하지만 그는 자신이 바라보는 빛이 2300만 년 전에 여정을 시작했다고는 상상도 못 했다. 올리고세Oligocene 말기에 해당하는 그때는 님

그림 14.2   로스 백작이 그린 M51 스케치(1850).

라부스Nimravus,[*] 엔텔로돈트entelodonts,[**] 오레오돈트oreodonts[***] 등의
기상천외한 포유동물들이 지구에서 살고 있던 시절이었다. 1920년대
가 되어서야 비로소 에드윈 허블Edwin Hubble을 비롯한 천문학자들은

■ 에오세 초기부터 올리고세 때 북아메리카와 유럽에 서식했던 식육목 님라비드과의 중대형
포식자다. 현재의 고양잇과 동물의 근연종이었다.
■■ 3000만 년 전 북아메리카에 서식했던 돼지 같은 모습에 회색곰보다도 사나웠던 잡식성
동물이다. '지옥돼지'란 별명으로 더 잘 알려져 있다.
■■■ 올리고세에 살았던 말굽동물의 일종이다.

그림 14.3　허블 우주 망원경으로 본 M51. 시계 반대 방향(왼쪽)으로 회전한다.

은하들이 엄청나게 멀리 있다는 사실을 입증하며, 칸트의 추측이 옳았음을 인정했다(그림 14.3).

　언뜻 보면 은하의 나선팔은 항성 무리들이 마치 빙빙 도는 커피 속의 우유 거품처럼 중심부의 더 빠른 회전 속도 때문에 바깥쪽으로 길게 휘늘어진 것같이 보인다. 하지만 실제로는 그럴 리가 없다. 왜냐하면 보통 은하는 형성된 후에 수백 바퀴를 회전할 테니, 실제로 그런 형태라면 나선팔이 훨씬 더 촘촘히 감겨 있어야 하기 때문이다. 가장 유명한 현대 이론에서는 나선 모양의 밀도 패턴이 항성들과 먼지의 속도와 다른 속도로 회전한다고 본다(Bertin & Lin, 1996). 밝혀진 바에 따르면, 은하의 나선팔은 대체로 로그 나선 모양이다. 우리는 나중에 이 이야기로 돌아올 것이다.

'우주 원리'란 거시적으로 보면 우주는 균일하고(어느 곳이든 다 비슷비슷하고) 등방이라는(어느 방향이든 다 비슷비슷하다는) 가설이다. 바꿔 말하면, 관찰자들이 어디에 위치하든 어떤 방향을 바라보든 그들 모두에게 우주가 비슷비슷하게 보일 것이라는 이야기다. 그런데 나선 은하에는 매우 이상한 점, 우주 원리와 모순되는 듯한 점이 있다. 바로 그들이 무작위적인 방향으로 회전하지 않는 것 같다는 점이다. 이 주장은 2007년 물리학자 마이클 롱고Michael Longo가 처음 내놓은 것인데(Longo, 2011), 나중에 컴퓨터과학자 리오르 샤미르Lior Shamir(2012)의 나선 은하 12만 6501개에 대한 대규모 자동 관측을 비롯한 여러 연구로 뒷받침되었다.

나선 은하는 시계 방향으로 회전하는(오른돌이) 은하나 시계 반대 방향으로 회전하는(왼돌이) 은하 둘 중 하나로 분류된다. 물론 그런 회전 방향은 관찰자의 위치에 달려 있다. 왼돌이 은하들은 반대편에서 보면 모두 오른돌이 은하로 보일 것이다. 만약 은하들이 왼쪽이나 오른쪽을 선호하는 경향 없이 무작위 방향으로 회전한다면, 망원경을 어느 방향으로 돌리든 회전 방향의 고른 분포 상태를 보게 될 것이다. 하지만 롱고와 샤미르가 확인한 바로는 그렇게 되지 않았다. 게자리 부근의 한 점을 바라보면, 왼돌이 나선 은하가 오른돌이 나선 은하보다 3% 정도 더 많이 보인다. 그리고 반대쪽에 해당하는 궁수자리 방향을 바라보면, 오른돌이 나선 은하가 2% 정도 더 많이 보인다. 가까

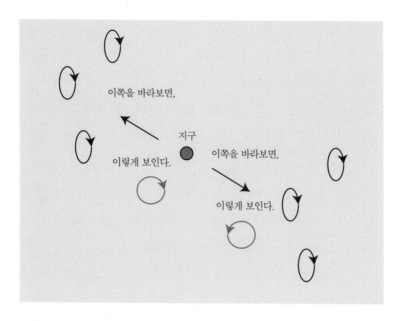

이쪽을 바라보면,

지구

이렇게 보인다.

이쪽을 바라보면,

이렇게 보인다.

그림 14.4   관측 가능한 우주(검은색 은하들) 전체에 나선 은하들이 선호하는 회전 방향이 있다면, 우리는 어느 쪽을 바라보느냐에 따라 다른 회전 방향(빨간색)을 보게 될 것이다.

운 은하를 보든 먼 은하를 보든 이와 비슷한 경향이 나타난다. 포착된 신호가 약하고 통계치가 약간 의심스럽긴 하지만, 이런 데이터는 은하들이 특정 회전 방향을 선호하는 경향이 있음을 보여 주는 듯한데, 그 방향은 우리가 어느 쪽을 보느냐에 따라 왼쪽으로 보이기도 하고 오른쪽으로 보이기도 한다(그림 14.4).

만약 이것이 사실이라면, 우주 전체가 비대칭적이라는 뜻이다. 그런 비대칭성은 우주 원리와 양립할 수 없다.

15

나선 계단

나선 모양의spiral, 더 정확히 말하면 입체 나선 모양의helical 계단은 위층으로 연결되는 아름답고 공간 효율이 좋은 통로다. 그런 계단은 결코 쉽게 만들 수 있는 것은 아니지만, 아주 오래된 건축 구조물에 설치되어 있는 경우도 더러 있다. 주목할 만한 예로는 그리스 안드로스섬의 아기오스 페트로스Agios Petros 탑(BC 400~200, 높이 약 20m), 영국 셰틀랜드의 마우사 원탑Broch of Mousa(BC 100, 높이 약 13m), 로마의 정말 놀라운 트라야누스 기념주Trajan's Column(AD 113, 자체 높이 30m에 받침대 높이 5m)가 있다.

나선 계단의 '나선 방향'은 흥미로운 주제다. 영국의 미술비평가 시어도어 쿡의 고전적 저서 《생명의 곡선The Curves of Life》(1914)에 따르면, 중세의 나선 계단들은 보통 왼돌이어서, 걸어 올라가는 사람이 오른쪽으로 돌게 되어 있었다. 그 목적은 오른손잡이 공격자가 계단을 올라가면서 오른손으로 칼을 쓰기 어렵게 만드는 데 있었다고 한다. 반면에 방어하는 사람은 계단의 바깥쪽 부분에서 오른손을 자유롭게 쓸 수 있었을 것이다. 이 이야기는 지금 널리 받아들여지고 있지만, 예외가 아주 많으니 주의해야 한다.

반시계 방향의 나선 계단을 연구한 닐 가이Neil Guy(2011)에 따르면, 잉글랜드와 웨일스의 경우 노르만 왕조 때(1070~1200)는 왼돌이 (시계 방향) 계단이 우위를 차지했으나, 그 후에는 오른돌이 계단이 점점 더 흔해졌다. 그는 1070년부터 1500년대까지 만들어진 오른돌이 계단 85개를 열거했다. 아기오스 페트로스 탑과 트라야누스 기념주는 오른돌이이고, 마우사 원탑은 왼돌이다. 현대 나선 계단의 나선 방향은 꽤 임의적인 듯하다. 이제는 칼싸움 같은 모험이 일어날 일이 거의 없기 때문에 왼돌이 계단의 이점이 점점 줄어드는 것일까.

나선 계단을 설치하면, 긴 경로가 좁은 공간에 들어가면서, 특정 높이에 이르는 데 필요한 경사도가 줄어든다. 멕시코의 제비동굴 Sotano de las Golondrinas은 그런 계단과 비슷한 흥미로운 천연 지형이다. 세계에서 가장 깊은 단일 수직 동굴인 그곳은 바닥까지의 깊이가 333m인 병 모양을 하고 있다. 아랫부분은 가로 300m에 세로 130m이지만 위로 갈수록 공간이 좁아져서 지면 입구의 지름은 50m밖에 되지 않는다(그림 15.1). 심장이 약한 사람은 그 깊고 깊은 동굴을 가만히 들여다보고 있기가 쉽지 않을 것이다. 그 동굴의 이름은 그곳에 무수히 서식하는 흰목칼새에서 유래했다. 그 새들이 아침에 날아오르는 광경은 세계 최고의 경이로운 장면으로 꼽힌다. 똑바로 날아오르지 못하는 그 새들은 나선을 그리며 올라올 수밖에 없다. 수많은 칼새가 소용돌이치듯 빙빙 돌며 서서히 올라오는 가운데, 한 번에 50마리 정도씩이 떼를 지어 입구를 쏜살같이 빠져나간다. 기회를 엿보는 맹

그림 15.1   지하 333m의 동굴 바닥에서 올려다본 제비동굴의 윗부분 모습.

금류를 피해 필사적으로 달아나는 것이다. 그 새들은 분명히 나선 방향에 대해서 서로 간에 어떤 합의를 보았을 것이다. 그렇지 않으면 서로 부딪치게 될 테니까 말이다. 이것은 대칭성 깨짐의 또 다른 실례다. 내가 그곳에서 본 나선은 오른돌이였는데(위에서 내려다보니 새들이 시계 반대 방향으로 빙빙 돌았다), 다른 관광객들도 모두 나선 방향이 같았다고 말하는 모양이다.

나선 계단을 위나 아래에서 보면 아찔한 나선형 이미지가 보이는데, 그런 형상은 알프레드 히치콕Alfred Hitchcock의 영화 〈현기증 *Vertigo*〉에서 십분 활용되었다. 이 영화에서 나선형의 중요성은 그래픽

그림 15.2　히치콕의 〈현기증〉 포스터(파라마운트픽처스, 1958).

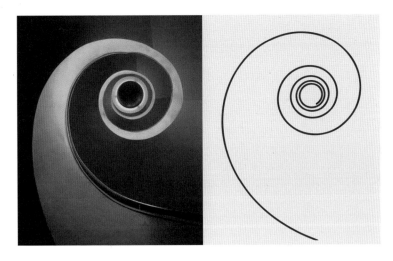

그림 15.3   왼쪽: 1935년에 완공된 오슬로대학교 물리학과 건물의 계단. 오른쪽: 쌍곡 나선.

디자이너 솔 배스Saul Bass가 만든 영화 포스터(그림 15.2)와 오프닝 장면에 나오는 애니메이션에 반영되어 있다. 이 유명한 무늬들은 '하모노그래프harmonograph'라는 기계로 만든 것인데, 이 이야기는 나중에 다시 다룰 것이다.

나선 계단의 중심 투영도(그림 15.3)는 로그 나선을 연상시킨다. 이와 같은 나선 형상은 소총의 내부(총신)를 들여다볼 때도 보인다(그림 12.3). 그런데 그 모양에는 뭔가 우아하지 못한 점이 있지 않은가? 나선의 안쪽 부분이 중심에 접근하는 속도가 좀 부족해 보이지 않는가? 좀 더 자세히 살펴보자.

어떤 물체의 이미지상의 겉보기 크기 R은 거리(관찰자를 기준으로 잰 높이) d가 두 배로 늘어나면 절반으로 줄어든다. 바꿔 말하면, 일정 비율로 적절히 투영된 이미지에서는 나선 중심에서 난간까지의 겉보기 반지름이 당연히 $R(d) = 1/d$이라는 관계를 충족한다. 실제 물체가 입체 나선 모양이니, 높이는 당연히 관찰자 눈높이에서 측정한 회전각에 비례한다. 즉 $d = k\varphi$가 성립하는데, 여기서 k는 이를테면 나사의 산과 산 사이의 거리에 해당한다. 이 두 관계식을 조합하면, $R(\varphi) = 1/k\varphi$을 얻을 수 있다. 그러므로 난간이 관찰자 눈높이에 이르면, 반지름의 겉보기 길이는 무한대로 발산하게 된다. 이 곡선은 '쌍곡 나선'으로로 알려져 있다. 그러니 애석하게도 이번은 로그 나선이 아니다.

16

옛 뱃사람의 나선형

북쪽에 대해 비스듬한 일정 방향으로 항해하는 사람은 이른
바 '항정선rhumb line'을 따라가게 된다. 그는 자신이 직선을
따라가고 있다고, 이렇게 가면 최단 시간에 목적지에 도착하리라고
생각할 수도 있다. 하지만 그렇게 생각했다면 오산이다. 왜냐하면 그
는 지구가 둥글다는 사실을 미처 고려하지 못했기 때문이다.

예로부터 지도를 그릴 때는 이리저리 교차하는 항정선으로 구성
된 기준선 망을 함께 표시했다(그림 16.1). 나침반이 가리키는 방향으
로 가면, 그 선(혹은 그에 평행한 선)을 따라가서 결국 목적지에 잘 도
착하게 되어 있었다. 아니면 적어도 그럴 계획이었다. 중세 말기와 르
네상스 초기에 (포르톨라노portolano라는) 그 지도는 방향과 거리에 대
한 실제 운항 데이터를 바탕으로 그렸다. 그 수학적 의미가 본격적으
로 논의된 것은 16세기가 되면서부터다. 밝혀진 바에 따르면, 지구의
둥근 구면을 평면 지도에 투영하면서 방향의 정확성과 거리의 정확성
을 둘 다 유지하기란 불가능하다. 하나, 혹은 둘 다를 포기해야 한다.

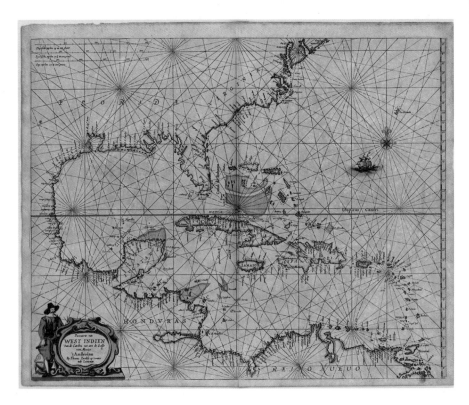

그림 16.1   네덜란드의 야콥스 퇴니스 루츠만Jakobsz Theunis Lootsman이 1666년에 만든
카리브해 지역 지도.

네덜란드의 지리학자 헤르하르뒤스 메르카토르Gerhardus Mercator가
1569년에 내놓은 유명한 지도 투영법에서는 방향이 우선시되어 항정
선이 곧은 직선인데, 그 대가로 고위도 지방의 거리와 면적이 터무니
없이 불어난다.

　그렇다면 둥근 구면 위에서는 항정선이 과연 어떤 모양일까? 물
론 직선은 아니다. 그것은 '사항곡선斜航曲線/loxodrome'이라는 아름다
운 나선 모양이다(그림 16.2). 양극 근처에서 그 모양은 로그 나선과 비

그림 16.2　왼쪽: 사항곡선. 위도와 이루는 각이 모두 같다. 오른쪽: 에스허르의 〈물고기가 그려진 구면Sphere Surface with Fish〉(1958).

숫해진다. 이는 다음과 같은 흥미로운 결과를 낳는다. 가령 알래스카에서 출발해 일정한 북동쪽 방향으로 걷거나 헤엄친다면, 결국은 극점 둘레를 무한 바퀴 빙빙 돌며 걷게 되는데 그래도 유한 시간 안에 극점에 도착하게 될 것이다(여기서는 선회 속도가 무한대로 발산할 텐 데도 일정 속력으로 걷는다고 가정한다).

　물론 사항곡선이 지구상의 두 점을 잇는 최단 경로일 리는 없다. 이는 또 다른 곡선 '대원great circle'의 속성에 해당한다. 비행기를 타고 유럽에서 미국으로 가면서 생뚱맞게도 (하고많은 곳 중에서 하필이면) 그린란드 상공을 지날 때처럼 대원을 따라가려면, 끊임없이 방향을 조정해야 하는데, 이는 항해와 비행에 컴퓨터가 널리 쓰이기 전에는 그리 간단한 일이 아니었다.

　평면을 짤막짤막한 선분으로 뒤덮되 이들이 모두 반지름 벡터와 같은 각도를 이루도록 낱낱의 방향을 설정하면, 소용돌이 모양이 하

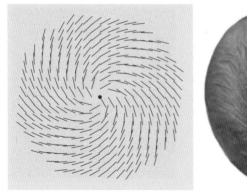

그림 16.3　시계 방향 가마. 왼쪽: 선분들로 구성된 소용돌이무늬. 이 선분들은 모두 반지름 벡터와 60°를 이루도록 그린 것이다. 부록 B에 프로그램 코드가 있다. 오른쪽: 생후 일주일 된 내 아들 에이엘을 위에서 내려다본 모습.

나 나타난다(그림 16.3). 그 선분들은 등각성을 띠므로 로그 나선의 접선에 해당하는데, 우리 눈은 '접점들을 연결해서' 그런 나선들의 형상을 찾아낸다. 우리는 반구체에 대해서도 같은 일을 할 수 있다. 가령 사람 머리 윗부분을 머리털로 뒤덮되 한 극점에 대한 모든 털의 방위가 일정하도록 낱낱의 방향을 설정하면, 그곳이 여러 사항곡선으로 꽉 들어찬 것처럼 보이게 할 수 있다. 그런 부분을 '가마hair whorl'라고 부르는데, 사람들은 대부분 가마가 하나씩 있다(두 개인 사람도 더러 있다). 가마는 갓난아이와 머리를 짧게 자른 사람에게서 가장 쉽게 볼 수 있다. 버스에 타고서 앉아 있는 사람의 머리를 내려다보면 가마를 자세히 살펴볼 수 있다. 가마의 극점은 보통 정수리 근처, 혹은 그보다 약간 뒤쪽이나 옆쪽에 있다.

　가마의 방향성 혹은 비대칭성은 과학계의 관심을 많이 받아 왔지만, 엇갈리는 결과들이 나오다 보니 현재로서는 이 문제에 대해 합의된 바가 별로 없는 실정이다. 시계 방향(바깥쪽으로 갈 때)이 시계 반대 방향보다 흔하다는 것은 분명한데, 그 수치는 연구 사례와 모집단에 따라 달라져 일본의 51%(Klar, 2003)에서 미국의 90% 이상(Klar, 2009)에 이르기까지 다양하다. 하지만 가마 방향의 유전 여부나 유전 방식은 아직 제대로 밝혀지지 않았다. 미국의 생명과학자 존 맥도널드John McDonald(2011)는 이 별스러운 연구 분야를 개략적으로 잘 설명해 주며 여러 참고 문헌도 소개한다. 몇몇 논문(Klar, 2003)에서는 가마 방향과 주로 사용하는 손 사이에 연관성이 있다며, 왼손잡이들의 가마가 시계 반대 방향인 경향이 있다고 말한다. 하지만 그런 주장이 추후 연구로 입증된 바는 없다. 게다가 아마르 클라르Amar Klar(2004)는 미국 델라웨어주의 게이 해변에서 동성애자들의 가마를 몰래 연구해(그 상황을 상상해 보시라!), 그곳에서는 시계 반대 방향의 비율이 일반 모집단에서보다 훨씬 높다는 점을 알아내긴 했지만, 이 결과 또한 재현하기는 쉽지 않은 것으로 판명되었다.

17

그노몬, 기적, 찰스 배비지

로그 나선 모양의 껍데기에는 큰 이점이 있다. 바로 각 생장 증분이 앞선 증분에 비해 크기는 크지만 형태는 같고, 껍데기 전체 또한 생장 과정 내내 형태를 유지한다는 점이다. 앵무조개의 몸은 형태 변화 없이 커지기만 하는 체방體房(가장 바깥쪽의 방)에서 사는 호사를 누린다. 이런 지식은 고대 그리스 수학자들에게 '그노몬'이라는 개념을 통해서 매우 중요하게 여겨졌다.

영국의 수학자이자 고전학자로 고대 그리스 수학에 정통한 토머스 히스Thomas Heath(1861~1940)는 1925년 유클리드의 《기하학 원론》에 덧붙인 주석에서 '그노몬gnomon'이란 단어의 고대사적 흔적을 더듬는다. 그리스의 역사가 헤로도토스Herodotus의 기록과 10세기에 쓰여진 고대 지중해 백과사전인 《수이다스Suidas》■에 따르면, 탈레스의 제자

■ 수다Suda, 소우다Souda로도 불리는 고대 지중해 세계를 다룬 10세기 비잔틴 백과사전이다. 중세 그리스어로 쓴 3만여 항목을 수록하고 있으며, 고대의 사전 중 가장 광범위한 내용을 다뤄 비잔틴의 문헌고증학의 결정이라고 여겨진다. 이 책의 제목을 저자의 이름이라고 오해한 결과 수이다스라는 책제목이 생겨났다.

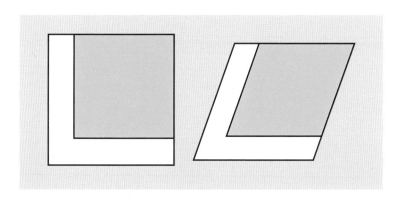

그림 17.1　왼쪽: 노란색 정사각형과 그 흰색 그노몬. 오른쪽: 평행사변형과 그 그노몬.

인 아낙시만드로스Anaximandros가 BC 6세기에 바빌로니아에서 그리스로 그노몬을 처음 들여왔다. 당시 그노몬은 해시계에서 수직으로 세워 쓰는 막대를 의미했다. 그 단어는 서서히 의미가 확장되어, 직각을 그리는 데 쓰는 곱자(L자형 도구)를 가리키게 됐다.

그런 L자 도형을 정사각형에서 떼어 내거나 정사각형에 덧붙이면, 여전히 정사각형이 남아 있게 된다(그림 17.1). 아리스토텔레스는 《범주론》에서 오늘날 우리에게는 쓸모없어 보이는 온갖 범주들을 논하면서 그노몬의 이런 속성을 다음과 같이 명료하게 표현했다.

하지만 증가는 하되 변질은 하지 않는 것들도 더러 있다. 예컨대 정사각형은 거기에 그노몬을 덧붙이면 증가는 하지만 변질은 하지 않는데, 이런 부류의 다른 도형들도 모두 마찬가지다.

이제 이야기가 조금씩 재미있어지고 있다.

아마도 이미 BC 5세기에 피타고라스학파는 다음과 같이 홀수(1, 3, 5, 7 등)를 순차적으로 합산하면 사각수(1, 4, 9, 16 등)를 만들 수 있다는 사실을 알아차린 듯하다.

$$0+1=\underline{1}$$
$$\underline{1}+3=\underline{4}$$
$$\underline{4}+5=\underline{9}$$
$$\underline{9}+7=\underline{16}$$

...

피타고라스학파는 이런 합산의 '산술적' 속성과 정사각형에 그노몬을 덧붙이는 일의 '기하적' 속성을 관련지어, 홀수를 사각수에 대한 그노몬으로 간주했다. 그림 17.2에는 파란색 점이 하나 있다. 1은 첫 번째 사각수다. 거기에 붉은색 점 3개를 더하면, 두 번째 사각수인 4를 얻게 된다. 거기에 연두색 점 5개를 더하면, 세 번째 사각수인 9를 얻게 된다. 그다음도 계속 이런 식이다.

유클리드는 이 개념을 일반화해 평행사변형에까지 적용했다. 《기하학 원론》제2권의 두 번째 정의는 다음과 같다.

그리고 평행사변형에서 한 대각선의 일부를 둘러싼 임의의 평행사변형 하나와 그에 인접하는 두 여형餘形/comlpement을 합쳐서 그노몬이라고 하자.

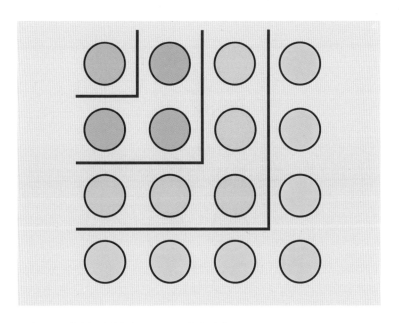

그림 17.2   홀수는 사각수의 그노몬으로 볼 수 있다.

이 정의는 현대 독자들이 이해하긴 좀 어렵지만, 정사각형의 직각 그노몬뿐 아니라 평행사변형의 기울어진 L자형 부분도 그노몬으로 보는 일반화를 나타낸다(그림 17.1).

그리스의 물리학자이자 수학자인 헤론Heron은 이를 더욱더 일반화해서, 그노몬이란 다른 도형에 덧붙였을 때 그 도형의 원래 형태를 유지시키는 모든 도형이라고 정의했다. 또 그는 그노몬적 수에 대해서도 언급했는데, 이를테면 홀수는 사각수의 그노몬이라는 식이었다. (한 개념에 이런저런 요소를 잇달아 덧붙이면서 전반적인 개념은 그대로 유지하는 이 이야기 전체야말로 매우 '그노몬스럽다'!)

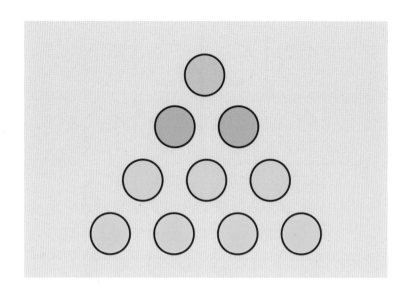

그림 17.3 자연수는 삼각수의 그노몬으로 볼 수 있다.

철학자이자 수학자인 스미르나의 테온Theon of Smyrna은 100년경에 그노몬적 수를 논하면서 정사각형뿐 아니라 삼각형 등의 다른 다각형도 관련 대상으로 간주했다. 삼각수는 자연수 1, 2, 3, …을 그노몬으로 삼아 한 점에 더하면 얻을 수 있다(그림 17.3).

삼각수는 그러므로 1, 3, 6, 10, …이니 일반적으론 $n(n+1)/2$이다. 이는 아마도 독일의 천재 수학자 카를 프리드리히 가우스Carl Friedrich Gauss가 어릴 적에 써먹었던 수식일 것이다. 전해지는 이야기에 따르면 그는 1부터 100까지의 자연수를 다음과 같은 요령으로 몇 초 만에 합산해 내어 선생을 깜짝 놀라게 했다고 한다. $1+2+3+\cdots +100=100\times(100+1)/2=5050$

이제 성경을 찾아볼 시간이다. 요한복음 21:4~11에는 다음과 같은 내용이 나온다.

동틀 무렵, 예수께서 물가에 서 계셨으나, 제자들은 그가 예수인 줄 알지 못했다. 예수께서 그들에게 큰소리로 물으셨다. "얘들아, 무얼 좀 잡았느냐?"

"못 잡았습니다." 그들이 대답했다.

예수께서 말씀하셨다. "그물을 배 오른편에 던져라. 그러면 잡힐 것이다." 그들이 그쪽으로 그물을 던졌더니, 그물을 끌어당길 수가 없을 만큼 고기가 많이 걸려들었다.

[……] 예수께서 제자들에게 말씀하셨다. "너희가 방금 잡은 고기를 몇 마리 가져오너라." 시몬 베드로가 도로 배에 올라타고는 그물을 물가로 끌고 왔다. 그물 안에는 큰 고기가 153마리나 들어 있었는데, 고기가 그렇게 많아도 그물이 찢어지지 않았다.

그런데 문제는 이것이다. 왜 복음서의 저자는 물고기가 153마리 있었다고 꼭 집어서 이야기했을까? 이는 여러모로 이상한 수인 듯하다. 400년경에 성 아우구스티누스Augustinus는 답을 안다고 생각했다. 153은 17번째 삼각수(위 수식에서 $n=17$인 경우)이고, 17은 7(성령의 선물 가짓수)과 10(계율의 가짓수)의 합이다! 이 견해가 당시 수학 지식의 수준을 보여 주긴 하지만, 이런 수비학數秘學의 문제점은 물론 '어떤' 수든 흥미로운 수학적 속성을 어느 정도는 띠기 마련이라는 데 있다.

아무튼 그래서 우리는 자연수를 그노몬으로 삼아 순차적으로 합산하면 삼각수 $n(n+1)/2$의 수치표(수표)를 만들 수 있고, 홀수를 합산하면 n^2의 수치표를 만들 수 있다. 또 제2계階 그노몬적 수열, 즉 그노몬에 대한 그노몬으로 구성된 수열도 만들 수 있다. 가령 세제곱수(입방수) n^3의 수치표를 만든다고 하자. 그 수열은 이렇게 시작된다. $1^3=1, 2^3=8, 3^3=27, 4^3=64, 5^3=125$. 그렇다면 연속하는 세제곱수들 간의 차, 즉 계차階差 혹은 차분差分은 7, 19, 37, 61 등이다. 이 연속하는 계차들 간의 계차(제2계 계차)는 12, 18, 24 등이다. 이들 간의 계차는 상수 6이다. 우리는 이런 여러 계階의 계차를 다음과 같이 나타낼 수 있다.

1		8		27		64		125		216	세제곱수
	7		19		37		61		91		(제1계) 계차
		12		18		24		30			제2계 계차
			6		6		6				제3계 계차

그러므로 세제곱수의 수치표를 만들려면, 이 과정을 역순으로 밟아 나가면 된다. 12에서부터 계산을 시작하고 6(제3계 계차)을 그노몬으로 사용하면, 다음과 같은 수열이 나온다.

$$\underline{12}+6=\underline{18}$$
$$\underline{18}+6=\underline{24}$$
$$\underline{24}+6=\underline{30}$$
$$\cdots$$

이들은 우리에게 필요한 제2계 계차다. 그다음에는 이 수들을 또 그노몬으로 사용해, 다음과 같이 7에서부터 계산을 시작한다.

$$\underline{7}+12=\underline{19}$$
$$\underline{19}+18=\underline{37}$$
$$\underline{37}+24=\underline{61}$$
$$\cdots$$

따져 보면 이 수열의 n번째 항은 $3n^2+3n+1$이다. 그다음에는 이 수열을 또다시 그노몬으로 사용한다. 1에서부터 계산을 시작하면, 다음과 같은 수열을 얻을 수 있다.

$$\underline{1}+7=\underline{8}$$
$$\underline{8}+19=\underline{27}$$
$$\underline{27}+37=\underline{64}$$
$$\cdots$$

이들이 바로 우리에게 필요한 세제곱수 n^3에 해당한다.

사실 우리는 어떤 k차 다항식이든 그노몬적 수열 k개를 순차적으로 이용해 만들 수 있는데, 그중 첫 번째 수열은 어느 경우에나 상수(위 예에서는 6)다. 그리고 웬만한 수학 함수는 모두 이를테면 테일러급수 같은 다항식으로 거의 정확하게 나타낼 수 있으니, 당연히 이런 그노몬적 방법을 이용하면 어떤 수치표든지 만들어 낼 수 있다.

그림 17.4   배비지의 설계도에 따라 만든 차분 기관. 런던 과학박물관에 있다.

이런 방법을 보통 '계차법' 혹은 '차분법'이라고 부른다. 이 방법은 1822년 영국의 수학자 찰스 배비지Charles Babbage가 설계한 '차분 기관difference engine'이란 계산기에서 쓰였다. 배비지는 천문학자이자 수학자인 존 허셜John Herschel과 함께, (저임금을 받는) 계산수computer라고 불리는 사람들이 손으로 계산하고 작성한 수치표를 검토하는 과정에서 그 아이디어를 얻었다.

수치표를 검토해 보니 오차가 많이 나왔다. 언젠가 그런 오류가 하도 많이 나와서 내가 "증기기관을 이용해 이런 계산을 할 수 있다면 참 좋을 텐데"라고 투덜댔더니 허셜이 이렇게 말했다. "얼마든지 가능해."

전자계산기가 나오기 전에는 수치표가 과학과 공학 분야에서는 물론이고 천문 항법과 관련해서도(당시에는 GPS가 없었다) 반드시 필요했다. 그런 표에 오류가 있으면 다리가 무너지거나 배가 절벽 사이로 들어갈 수도 있었기에, 배비지는 차분 기관을 제작하기 위해 거액의 자금을 마련해 냈다(그림 17.4). 안타깝게도, 수학적 아이디어가 좋긴 했지만 완전한 크기로 작동하는 차분 기관은 배비지가 구현하지 못했다. 하지만 차분 기관 덕분에 그는 해석 기관을 구상하게 됐는데, 그것은 프로그램 가능한 현대 컴퓨터의 토대가 되었다.

그노몬이라는 아주 오래된 개념을 통해 연체동물의 껍데기는 수학의 심장부와 연결된다. 물론 달팽이들은 그다지 신경 쓰지 않겠지만.

18

고불고불한 식물

《종의 기원*The Origin of Species*》출간 후 5년 뒤인 1864년 여름에 찰스 다윈Charles Darwin은 세계에서 가장 유명한 과학자가 되었음에도 불구하고 그 명성에 안주하지 않고 은둔하면서 기초 연구를 계속했다. 그런 기초 연구는 매력적으로 보이진 않아도 반드시 필요했지만, 연구위원회로부터 자금 지원을 좀체 받지 못했다. 자연의 온갖 경이로운 현상 중에서 그는 덩굴 식물의 생태에 초점을 맞추기로 마음먹고 있었다. 브리오니아와 초롱꽃류, 콩류와 메꽃, 사군자와 쥐방울덩굴, 홉, 박주가리, 인동덩굴, 세로페기아, 오이와 실고사리, 기니플라워, 클레로덴드럼, 나팔꽃, 등나무, 플룸바고, 재스민 등등 빅토리아 시대의 영국에 알려져 있던 거의 모든 덩굴풀이나 덩굴나무가 다윈의 집에서 모퉁이마다 우거지고 담마다 구불구불 올라가고 있었다. 이 연구 결과는 다윈의 잘 알려지지 않은 여러 저서 중 하나인 《덩굴 식물의 운동과 생태*On the Movements and Habits of Climbing Plants*》(1875)로 발표되었다.

그림 18.1　왼쪽: 서양메꽃*Convolvulus arvensis*. 오른돌이 입체 나선 모양을 이루는 초본 식물(줄기에 목재를 형성하지 않는 식물). 가운데: 다발을 이룬 서양메꽃. 오른쪽: 붉은인동 *Lonicera periclymenum*. 왼돌이 입체 나선 모양을 이루는 목본 식물.

　　덩굴 식물은 지지물을 빙 둘러 감으며 입체 나선 모양으로 자란다(그림 18.1). 다윈은 거의 종마다 일정한 나선 방향이 있어서 한 종 안에서는 모든 개체가 같은 쪽으로 돌아 올라간다는 데 주목했다. 그는 덩굴 식물 42종의 나선 방향을 열거한 후, 11종만 왼돌이이고 나머지는 오른돌이라는 사실을 알아차렸다. 그렇게 편향된 비율이 우연히 나타날 확률은 500분의 1이다.

　　그림 18.1에서 서양메꽃 여러 개체가 같은 지지물을 타고 올라가는 모습을 살펴보면 덩굴 식물의 나선 방향이 일정한 이유를 어느 정도 짐작해 볼 수 있다. 그런 생장 방식이 잘 통하는 이유는 그들이 모두 같은 쪽으로 돌아 올라가기 때문이다. 만약 몇몇은 왼돌이이고 몇

몇은 오른돌이라면, 그들은 서로 교차하며 마찰하게 될 것이다. 등산가들은 밧줄이 교차하면 치명적일 수 있음을 알게 된다. 팽팽한 밧줄들은 서로를 꽤 쉽게 끊을 수 있다. 아마도 이것은 대칭성이 깨지는 과정의 또 다른 일례로서, 달팽이 껍데기의 나선 방향이 일정해지는 과정과도 비슷한 듯하다.

다윈은 여러 덩굴 식물의 나선 형성 습성이 '회선 운동'이라는 단순한 메커니즘에 기인한다는 점에도 주목했다. 홉이나 메꽃이 지지물의 존재를 감지하고서 그 둘레를 둘러 감는 것은 아니다. 오히려 그런 식물의 생장하는 끝부분은 지지물을 찾기 전에 허공을 떠돌 때도 그냥 원을 그리며 이리저리 움직인다. 그러다가 끝부분이 다른 식물의 줄기에 우연히 닿으면 곧바로 덩굴 식물은 그런 원운동 때문에 마치 먹이를 죄는 뱀처럼 그 줄기를 둘러 감게 된다. 별로 지적이진 않지만 효과적인 방식이다.

회선 운동의 메커니즘에 대해서는 과학자들이 아직도 논쟁을 벌이고 있다. 일설에서는 중력이 필요하다고 보았다. 이 가설을 검증하기 위해 1983년에 굉장한 실험이 수행되었다. 컬럼비아호의 6차 비행 중에 해바라기 모종을 미세 중력 환경에서 재배해 본 것이다. 해바라기는 지구에서 회선 운동을 하는데, 우주 공간에서도 그런 운동을 하여, 중력이 필요조건이 아님을 보여 주었다. 이후 컬럼비아호는 27차 비행까지 마친 후 2003년에 대기권으로 재진입하다 폭발해 승무원 일곱 명이 사망하게 된 우주 여행 역사상 가장 가슴 아픈 참사를 빚었다.

고불고불한 식물들은 오래전부터 디자인계의 승자였다. 지중해 연안이 원산지인 아칸서스*Acanthus*라는 식물은 잎이 깊게 갈라진 부채

그림 18.2   로코코 양식의 아칸서스 스크롤. 프랑스 장식화가 알렉시 페로트Alexis Peyrotte (1699~1769)의 작품. 오른쪽: 1770년경 프랑스에서 만든 하프의 세부 장식.

모양이어서 고대 그리스·로마의 미술과 건축에 널리 쓰였는데, 코린트식 기둥의 장식 모양으로 가장 유명하다. 몇 세기가 지나는 사이에 아칸서스 무늬는 사실주의적인 형태에서 점점 더 멀어져 '아칸서스 스크롤scroll'로 진화했는데, 이는 지금은 식물을 약간 닮은 듯한 곡선·나선형 무늬에 대한 총칭으로 쓰이고 있다(그림 18.2).

　　나선형 무늬는 아마도 죽어 바싹 마른 아칸서스 잎의 모양에서 유래했을 것이다. 아칸서스 스크롤은 고대 로마의 벽 장식, 중세의 채색 필사본, 로코코 양식의 가구 등에서 흔히 볼 수 있는데, 무엇보다 아르 누보 양식의 작품에서 가장 우아한 형태로 나타난다. 16세기부터 그런 고불고불한 꽃무늬는 '아라베스크'라고도 불렸다. 아라베스크 양식은 지금은 유행하지 않지만, 언젠가는 다시 유행할 것이다. 훗날 우리가 별나라로 갈 때, 우주선은 영화에 많이 나오듯 20세기의 변기 안쪽과 같은 형태가 아니라, 소용돌이치는 듯한 잎 모양과 돌돌 말린 줄기 모양의 무늬로 꾸며져 있을지도 모른다(그림 18.3).

그림 18.3   왼쪽: 덩굴 식물에 감겨 있는 아라베스크 양식의 철제 난간. 18세기 말에 만든 것으로 노르웨이의 보그스타 저택에 장식되어 있다. 오른쪽: 17세기 말 독일에서 만든 철문의 세부 장식.

실내 장식용으로 흔히들 분재하는 렉스베고니아*Begonia rex*의 몇몇 품종은 잎에 특이하고 화사한 나선 모양으로 비틀어진 부분이 생긴다(그림 18.4). 가장 화려한 품종에는 '에스카르고(달팽이) 베고니아 escargot begonia'라는 적절한 이름이 붙어 있다. 아마 그 메커니즘은 잎 밑의 가장자리를 따라 접선 방향으로 생장이 가속화하는 것이리라. 이와 비슷하지만 덜 극단적인 나선형은 머위(그림 18.4)의 잎과 우엉 *Arctium*을 비롯한 여러 식물의 아래 잎에서 볼 수 있다.

식물의 온갖 나선 모양 중에서 가장 아름다운 것은 아마도 어린 양치식물의 돌돌 말린 엽상체로 구성되는 '피들헤드fiddlehead'■일 것이다(그림 18.4). 피들헤드는 대부분 로그 나선에 가까운 모양을 띤다.

■ 고사리순 따위의 돌돌 말린 부분을 이르는 속칭으로, 바이올린fiddle의 머리head 모양을 닮았다고 해서 붙은 이름이다.

그림 18.4　위 왼쪽: 보르네오섬에서 자라는 양치식물의 피들헤드. 위 가운데: 렉스베고니아의 잎. 위 오른쪽: 머위*Tussilago farfara*의 잎. 아래 왼쪽: 타래난초*Spiranthes spiralis*. 아래 가운데: 헬리오트로프*Heliotropium indicum*. 아래 오른쪽: 오이*Cucumis sativus*의 덩굴손.

양치식물의 '프랙털' 구조상 곁가지들이 잎 전체의 축소판처럼 생겼기 때문에, 피들헤드는 경우에 따라 일련의 더 자잘한 피들헤드를 속에 품어 정말 매혹적인 형상을 이루기도 한다. 일부 피들헤드의 또 다른 아름다운 특징은 나선형 아래의 줄기가 뒤로 휘어 우아하고 매끈한 곡선을 이룬다는 것이다. 나중에 우리는 이와 비슷한 수학적 구조인 '리투스lituus'에 대해 이야기할 것이다.

오이의 덩굴손 또한 사진을 기막히게 잘 받는다. 하버드대학교의 샤론 거보드Sharon Gerbode 등(2012)은 오이의 나선형 덩굴손을 세세히 연구했는데, 그 일환으로 덩굴손의 나선 형성 방향이 중간에 뒤바뀌는 흔한 현상도 파고들었다. 다윈 이후로 줄곧 이 현상은 비틀림의 총합이 제로가 되게 하기 위한 메커니즘이라고 설명되어 왔다. 오이 덩굴손은 보통 목표물에 닿은 후에야 나선형을 이루기 시작한다(굴촉성 나선 형성). 어떻게 덩굴손이 그림 18.4에서처럼 지지물 없이 멋진 평면적 나선형을 이루는지는 잘 모르겠다. 어쩌면 그런 모양의 덩굴손은 오이가 목표물에서 미끄러지거나 곤충과 접촉하고서 착각에 빠져 나선 형성을 시작했음을 나타내는지도 모른다.

19

진자와 은하

어떤 진자 하나가 x축 방향뿐만 아니라 y축 방향으로도 흔들린다고 생각해 보라. 마찰력 때문에 그 운동은 시간이 지날수록 약화된다. 부록 A.4에 나와 있듯이, 그런 진자의 경로는 '짜부라진' 로그 나선 모양으로, 한 바퀴 한 바퀴가 타원과 조금 닮아 보인다(그림 19.1).

15장에서 언급했듯이, 히치콕의 〈현기증〉에 나오는 나선형은 하모노그래프로 만든 것이다. 1800년대 중반에 발명된 이 재미있는 기계는 여러 가지 형태로 존재한다. 가장 단순한 하모노그래프에서는 한 진자가 x축 방향으로 움직이는데, 그 맨 아래에 또 하나의 진자가 매달려 y축 방향으로 움직이며 그림판 위에 어떤 도형을 그린다. 다른 형태에서는 진자 하나가 한 진동면 안에서 흔들리는 동안 그림판 자체가 수직 방향으로 흔들린다. 그러면 이른바 '리사주Lissajous' 도형이 만들어진다. 이것은 발진기" 두 개를 xy모드의 오실로스코프 oscilloscope에 연결해서 다루는 전자공학자들에게 잘 알려져 있다. 시

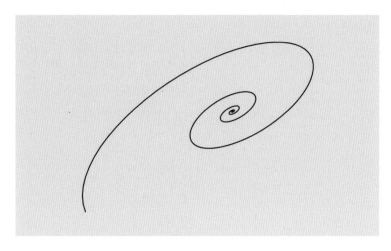

그림 19.1　진폭이 감쇠하는 진자의 경로.

간이 지남에 따라 마찰력 때문에 진자의 진폭이 줄어들면, 결과적으로 '감쇠' 리사주 도형이 나타난다. 앞 단락에서 이야기한 단일 진자의 경우와 달리, 진자가 두 개인 하모노그래프에서는 x축 방향의 진동수와 y축 방향의 진동수가 서로 영향을 주고받지 않을 수 있다. 이를 이용하면, 단순한 로그 나선보다 훨씬 복잡한 도형을 그릴 수 있다.

〈현기증〉의 나선형을 만들 때는 x축 방향과 y축 방향 둘 다로 자유롭게 흔들리는 단일 진자를 이용한 듯하다. 마찰력으로 인한 감쇠를 무시하면, 그런 진자는 원운동 내지 타원 운동을 할 수 있다. 게다가 그림판이 회전하고 있었다. 그림판의 회전은 타원의 장축이 지속적으로 회전하는 결과를 낳았다(태양 둘레를 도는 지구의 궤도도 이와 비

■　전자관 또는 반도체 등을 이용해 전기 진동을 일으키는 장치를 말한다.

숫한 '근일점 세차 운동'이라는 움직임을 보인다). 끝으로, 진자 진폭의 지수적 감쇠 때문에 타원들은 크기가 차차 줄어들어, 우리가 위에서 살펴본 쭈부라진 로그 나선과 비슷해졌다. 이런 운동들이 모두 합쳐진 결과로 복잡하고 아름다운 곡선이 하나 생겨났다. 그리고 그 곡선 안에서는 경로들이 교차함에 따라 나타난 띠들이 두 개의 로그 나선 형상을 이루었다.

회전 중인 평면 위에서 흔들리는 진자는 '푸코 진자'의 본질이기도 하다. 1851년 프랑스의 물리학자 레옹 푸코Léon Foucault는 지구의 자전을 예증하려고 28kg짜리 구형 납추를 길이 67m의 철사로 파리의 팡테옹 돔에 매달았다. 파리의 위도에서 그 진자의 진동면은 32.7시간마다 360°씩 회전했다. 지금은 그런 진자를 세계 곳곳의 대학과 과학 연구소에서 흔히 볼 수 있다.

진자가 남극이나 북극에 있으면 실험의 기하학적 구조가 훨씬 간단해진다. 남극 아문센-스콧 기지의 몇몇 억척스런 사람들은 2001년에 바로 그런 실험을 실행했다. 그 진자의 진동면은 역시 거의 24시간마다 한 바퀴씩 회전했다. 그런데 그런 진자를 한 진동면 안에서 흔들리게 하지 말고 옆으로 살짝 밀어 감쇠 타원 궤도를 그리며 흔들리게 하면 어떻게 될까? 이런 설정 상태는 〈현기증〉의 하모노그래프와 아주 비슷하므로, 여기서 푸코 진자는 영화에 나오는 이미지와 닮은 복잡한 도형을 그리며 움직이게 된다.

나는 시간을 어느 정도 들여 컴퓨터로 〈현기증〉의 하모노그래프 이미지를 재현해 보았다. 원하는 도형을 만들려면, 진자의 주기, 진폭, 위상, 감쇠 상수, 회전 속도를 매우 신중하게 설정해야 한다. 매개 변

그림 19.2　〈현기증〉의 하모노그래프 이미지를 컴퓨터로 재현해 본 결과. 부록 B에 프로그램 코드가 있다.

수가 정말 너무 많다. 그래도 그림 19.2는 〈현기증〉 포스터의 도형과 꽤 비슷하다.

　　매개 변숫값을 조금 바꿔 경로들이 교차하지 않게 하더라도, 이중 로그 나선은 밀도가 높은 띠의 형태로 여전히 분명하게 나타난다(그림 19.3).

　　이 경우에는 경로가 연속 곡선이지만, 우리가 그것 대신 일련의 동심 타원들을 조금씩 회전시켜 사용했더라도 결과의 겉모양새는 아주 비슷했을 것이다. 그런데 가령 각각의 그런 타원이 은하 중심의 둘레를 도는 한 항성의 궤도로서 세차 운동으로 서서히 회전하고 있다

그림 19.3　밀도파가 나타난 하모노그래프 이미지.

고 상상해 보자. 그런 상황에서는 위 그림에서처럼 항성들의 밀도가
비교적 높은 구역이 생겨나서 로그 나선과 같은 형상을 이룰 것이다.
이런 밀도파들은 유령처럼 흐릿한 동적 구조이지만(항성들은 저마다의
거대한 궤도를 돌며 이들을 그대로 관통해 지나간다), 그래도 웬만큼은 밝
아서 나선 은하의 팔 윤곽을 분명히 보여 준다. 아무튼 현재의 이론상
으로는 그러하다(Francis & Anderson, 2009 등).

　　그러니 따지고 보면 1958년에 〈현기증〉의 그래픽 디자이너들은
실용적인 나선 은하 형성 모형을 하나 만든 셈인데, 이는 결코 사소한
일이 아니다.

20

맥주 캔 쥐는 법

손가락을 오므려 주먹을 쥐었다가, 마치 나비를 놓아주듯 손을 펴 보라. 아름답고 우아하며 부드러운 동작이다. 손가락 끝은 어떤 경로를 따라가는가? 전문가들은 그 경로가 로그 나선에 가깝다는 데 동의하는 듯하지만(Kamper et al., 2003 등), 골칫거리는 세부 사항에 있다.

이 문제는 관절이 있는 다른 구조, 이를테면 로봇 팔 등과도 관련이 있다. 로봇의 경로를 계산해 장애물과 충돌하지 않게 할 수 있을까? 그리고 이 문제는 천동설과 연관이 있는데 어떤 관계가 있을까?

이 상황은 그림 20.1에 개략적으로 나타나 있다. 손가락의 가장 긴 가장 안쪽 부분은 첫마디뼈라고 부르는데, 길이가 L_A라고 하자. 손가락을 펴면, 가장 안쪽 관절(손과 첫마디뼈 사이의 관절)이 각 φ_A만큼 펴짐에 따라, 첫마디뼈의 바깥쪽 끝에 있는 관절이 반지름이 L_A인 원 A를 그리며 움직이게 된다. 이와 동시에 그런 바깥쪽 관절도 각 φ_B만큼 펴지는데, 그 결과로 중간마디뼈는 길이가 L_B인, 원 B의 반지름 벡

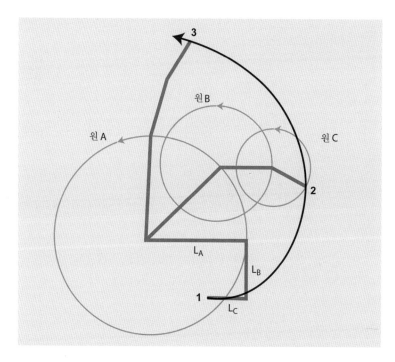

그림 20.1   펴지는 손가락이 1, 2, 3번 위치에 있는 경우. 세 관절이 펴지는 각속도가 똑같다고 가정하면, 손가락 끝은 검은색 나선형 경로를 따라갈 것이다. 2번 위치에서 손가락 끝은 가장 바깥쪽 관절에 중심이 있는 작은 원형 경로 C를 따라간다. 가장 바깥쪽의 관절 자체는 가운데 관절에 중심이 있는 더 큰 원형 경로 B를 따라가고, 가운데 관절은 원 A를 그리며 움직인다.

터가 된다. 사실상 원 B라는 자취는 더 큰 원 A 위에 중심을 둔 '주전원周轉圓/epicycle'에 해당한다. 끝으로, 역시 동시에 가장 바깥쪽의 관절 또한 각 φ_C만큼 펴지는데, 그 결과로 끝마디뼈는 길이가 L_C인, 원 C(제2주전원)의 반지름 벡터가 된다. 이런 식으로 우리의 손가락 끝은 천동설의 천체들처럼 움직인다. 그 학설에서는 각 행성, 태양, 달이 저마다 작은 원 위에서 비교적 빨리 움직이는 가운데 그런 원 자체가 지구 근처의 한 점을 중심으로 하는 더 큰 원을 따라 유유히 움직인다고 보았다.

손가락뼈의 상대적 길이는 논란의 여지가 있는 문제다. 이와 관련해 피보나치 수를 보고한 연구자들도 있지만, 동의하지 않는 이들도 있다. 손 부위별 비율을 연구한 우크라이나의 정형외과 외상전문의 알렉산드르 부랴노프Alexander Buryanov와 빅토르 코튜크Viktor Kotiuk(2010)가 내놓은 집게손가락 비율 $L_A/L_C = 2.5$와 $L_B/L_C = 1.4$ 정도면 그냥 무난할 듯싶다.

좌표계를 적절히 정렬하면, 손가락 끝의 위치는 다음과 같아진다.

$$x = L_A \sin(\varphi_A) + L_B \sin(\varphi_A + \varphi_B) + L_C \sin(\varphi_A + \varphi_B + \varphi_C)$$
$$y = L_A \cos(\varphi_A) + L_B \cos(\varphi_A + \varphi_B) + L_C \cos(\varphi_A + \varphi_B + \varphi_C)$$

그림 20.1에서 나는 세 관절이 모두 처음에 직각을 이루고 있다가 똑같은 속도로 펴져서 결국 $180°$로 쭉 뻗게 된다고 가정했다. 따라서 위 식은 결국 다음과 같아진다.

$$x = L_A \sin\varphi + L_B \sin 2\varphi + L_C \sin 3\varphi$$
$$y = L_A \cos\varphi + L_B \cos 2\varphi + L_C \cos 3\varphi.$$

이런 식을 로그 나선과 어떻게 관련지을 수 있을지는 알기 어렵다. 그래도 사람 손가락 경로에 대한 측정값이 로그 나선에 잘 부합하는 것으로 보이는 점은 아주 흥미롭다. 분명히 우리는 세 관절의 각

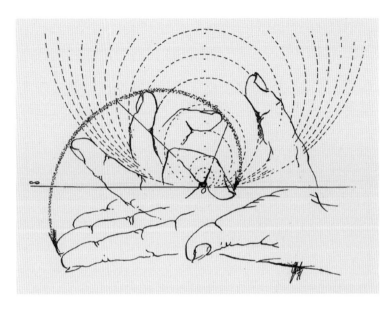

그림 20.2   손이 펴지면서 항상 원호를 이룬다면, 손가락 끝은 어떤 경로를 따라가게 될까?

속도를 어느 정도 자유롭게 조절할 수 있다. 그런 각들이 꼭 같은 속도로 증가할 필요도 없고, 속도들의 비율이 줄곧 일정할 필요도 없다. 원한다면 우리는 이런 변수들을 최적화해서, 관찰되는 바와 같이 로그 나선에 가까운 도형을 만들어 낼 수 있다.

　　이 문제에는 또 다른 흥미로운 접근 방법이 있다. 미국의 손 외과 전문의 윌리엄 리틀러William Littler(1973)는 로그 나선형 경로가 기능적 제약에서 기인할 수도 있다고 추측했다. 손이 오므려지면서 항상 원호 모양을 이루려고 한다면 어떻게 될까? 이는 만약 손이 원통형 물체를 쥐도록 만들어져 있다면 말이 되는 이야기다. 손이 만들어진 것은 이를테면 나무에 오를 때 나뭇가지를 잡기 위해서일 수도 있다.

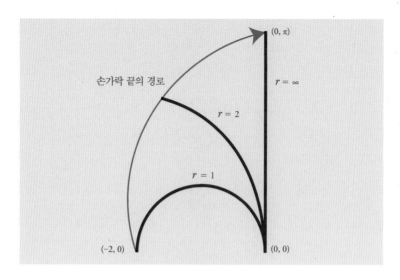

그림 20.3　　손을 펴는 동작을 설명하기 위한 모형. 추상화된 손(두꺼운 검은색 선)은 펴지는 내내 원호 모양을 이루는데, 여기에는 세 위치에서의 형상이 나타나 있다.

아니면 맥주 캔을 쥐고 있기 위해서이거나(손이 그런 목적에 맞게 '전적응preadaptation▪했다'고 말하는 진화생물학자가 있을지도 모르겠다). 그런 제약 때문에 손가락 끝이 로그 나선형 경로를 따라가게 됐을 수도 있을까? 리틀러는 이를 수학적으로 따져 보진 않았지만, 멋진 그림을 한점 내놓긴 했다(그림 20.2).

　　논의상 기하학적 구조를 단순화하기 위해, 손가락이 관절로 구성되지 않고 연속적인 원호 모양을 이루며 그 반지름 r이 증가한다고 가정해 보자. 그리고 길이가 π인 손의 맨 아랫부분을 원점 (0, 0)에 두고, 쭉 뻗은 손이 수직으로 위를 가리킨다고 하자(그림 20.3). 손의 맨 아랫

▪ 생물이 현재 처해 있는 환경과는 다른 환경에 처하거나 생활 양식을 바꿀 필요가 생겼을 때 이미 그것에 적합한 형질을 가지고 있어 적응과 같은 효과를 나타내는 현상을 말한다.

부분이 고정되어 있으므로, 원의 중심은 반지름이 증가함에 따라 왼쪽으로 이동하게 된다.

비교적 간단한 계산을 해 보면(부록 A.4), 좌표가 (x, y)인 손가락 끝은 다음과 같이 편각 φ의 함수로서 어떤 나선형 곡선을 따라간다는 사실을 알아낼 수 있다.

$$x = \frac{\pi}{\varphi} \cos \varphi - \frac{1}{\varphi}$$

$$y = \frac{\pi}{\varphi} \sin \varphi$$

그러므로 이 곡선은 쌍곡 나선의 한 변형이긴 하나, 극점($\varphi \to \infty$인 곳)이 x축을 따라 이동한다.

결과적으로 나타나는 나선형 경로는 방정식으로 미루어 보면 결코 로그 나선이 아니지만, 로그 나선과 약간 닮아 보이긴 한다. 컴퓨터로 로그 나선의 매개 변수들을 이 이론상의 경로에 맞춰 조정해 보면, 굉장히 잘 맞지만 아주 딱 들어맞진 않는 모양을 얻을 수 있다.

그래서 결론은 아무래도 좀 만족스럽지 못하다. 우리는 주전원과 관련된 방정식을 보고서, 관절로 구성된 손가락이 로그 나선을 정확하게 따라갈 수는 없다고 말할 수 있다. 그리고 원통형 물체를 쥐기 위해 원호 모양을 이루는 추상화된 연속 곡선형 손가락은 끊임없이 평행 이동을 하는, 수치상으로 로그 나선에 가까운 일종의 쌍곡 나선을 따라갈 것이라고도 말할 수 있다.

이 정도가 내가 이 문제에 관해 알아낸 전부다.

21

막간에 해변에서

해변은 동적 시스템이다. 그곳의 모래는 파도와 해류와 바람 때문에 끊임없이 이동하고 있다. 어떻게 그런 모래의 흐름이 형태를 유지할 수 있을까? 수많은 물리계와 마찬가지로 해변은 평형 상태에 이르고자 하는 경향이 있는데, 그 상태에서는 모래의 침식과 퇴적이 어느 지점에서나 상쇄된다. 이 시스템은 대단히 복잡하지만, 여기서는 설명을 위해 극도로 단순한 최소 모형을 생각해 보자. 이 모형에서는 모래가 오로지 파도의 작용으로만 운반되고, 파도가 항상 비스듬한 일정 방향에서만 밀려오고, 해변 바깥의 수심이 일정해서 굴절 현상이 전혀 일어나지 않으며, 전체적으로 모래가 줄어들지도 늘어나지도 않는다(모래의 질량이 보존된다). 이 이상화된 세계에 선탠 족의 꿈인 한없이 길게 쭉 뻗은 해변이 있다고 치자. 이 해변은 영원히 거기 있을 것이며, 계속 곧게 뻗어 있을 것이다. 파도가 해변을 따라 모래를 운반하겠지만, 어느 곳이든 물살에 실려 오는 양과 실려 가는 양이 상쇄된다. 해변 형태가 안정적인 이유를 알기 위해서 작은 교

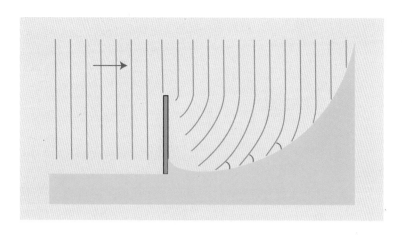

그림 21.1　파열波列/wave train이 왼쪽에서 다가와 장애물을 만난다. 회절파는 로그 나선형 해변(노란색)과 일정한 각도로 만난다.

란의 영향을 고려하는 오래된 물리학 방법을 적용해 보자. 만약 그 해변의 한 부분에 자그맣게 V자형으로 움푹 들어간 곳을 만들면 어떻게 될까? 모래가 거기 갇힐 테니, 그 움푹한 부분은 도로 메워질 것이다. 반대로 작은 돌출부는 곧 침식될 것이다.

　이제 가늘고 길쭉한 바위 곶 하나가 해변에서 툭 튀어나와 있다고 해 보자. 파도는 그 곶의 끄트머리에서 회절하여 사방으로 퍼져 나갈 것이다(그림 21.1). 곶에서부터 육지를 따라 나아가는 파도는 이제 해변과 끊임없이 변화하는 각도로 만날 것이다. 이런 시스템은 안정된 형태가 아니니, 안정적인 상태 쪽으로 서서히 진화할 것이다. 평형 상태의 해변이 어떤 형태를 띨지 우리가 예측할 수 있을까? 필요조건은 파도가 이제 해변과 어디서나 똑같은 각도로 만나야 한다는 것이다. 그러지 않으면 침식이 고르지 않게 일어나서 해변 형태가 계속 변

145

그림 21.2   구글 어스로 본 미국 캘리포니아주 하프 문 베이.

할 테니까.

어디서나 똑같은 각도……. 이번에도 답은 등각 나선이다!

물론 실제로도 곶과 방파제에서부터 육지를 따라 이어진 해변은 로그 나선 모양을 이루는 것처럼 보인다(그림 21.2). 이 현상은 1944년 미국의 지질학자 윌리엄 C. 크럼바인William C. Krumbein이 처음 거론한 이후로 캐나다의 해양학자 폴 르브롱Paul LeBlond(1979)을 비롯한 여러 과학자와 해안공학자들이 논의해 왔는데, 최근에는 다른 기하학적 모형들도 인기를 얻고 있다.

22

텔레비전이
나선형이던 시절

텔레비전을 발명한 사람은 영국 스코틀랜드의 엔지니어 존 로지 베어드John Logie Baird(1888~1946)다. 그는 어린 시절부터 호기심 때문에 갖가지 위험하고 우스꽝스러운 일을 겪었으며 사업도 수없이 벌렸다. 열두 살 때는 자기 집에 전력을 공급한답시고 수차와 직접 만든 전지를 사용하다 산성 물질 때문에 손에 영구적인 손상을 입었다. 같은 해에 전화기도 만들었는데 길을 가로질러 건너편까지 전화선을 연결했다가 말을 타고 지나가던 사람의 목을 자를 뻔하기도 했다. 1차 세계 대전 중에는 치질약을 개발하고, 베어드 언더삭 컴퍼니Baird Undersock Company라는 속양말 회사를 차리고, 구두약과 초콜릿과 담배를 유통하는가 하면, 사회주의자가 되고, 다이아몬드를 만들려다 글래스고 전력망을 마비시켜 버리기도 했다. 1919년 그는 카브리해의 트리니다드섬에 가서 망고 잼 사업을 시작했다가 보기 좋게 망했는데, 그 와중에 눈병을 비롯한 잔병들 말고도 이질과 말라리아 같은 여러 질환에 시달렸다. 1920년 런던으로 돌아온 그는 사업 품

목을 벌꿀, 주름 방지 크림, 비누로 바꿨다.

엉뚱한 사업을 벌이기도 했지만, 베어드는 사실 무척 영리한 사람이었다. 그는 전자공학을 공부하기로 마음먹었는데, 당시 전자공학은 진공관과 무선 전송 기술의 발명 이후 발전 가능성이 무궁무진했다. 그의 전자공학 지식은 장차 세상을 변화시키게 된다. 1925년경에는 여러 발명가들이 영상을 실시간으로 전송해 보려고 각자 어설피 시도하고 있었는데, 실용성과 상업성을 어느 정도 갖춘 시스템을 만드는데 처음으로 성공한 사람이 바로 베어드였다.

베어드의 '텔레바이저televisor'는 1884년 독일의 전기 기술자 파울 닙코Paul Nipkow가 발명한 영상 주사image scanning 원리에 기초한 전기 기계식 장치였다. 닙코 원판disk은 그냥 자잘한 구멍이 나선 모양으로 뚫려 있는 큼직한 원형 금속판일 뿐이었다(그림 22.1). 고출력 전등 하나가 그런 원판 뒤에 설치되었다.

베어드의 첫 텔레바이저는 원판에 구멍이 30개 나 있었다(그림 22.2). 화면에 해당하는 부분은 작은 사다리꼴 창으로, 경우에 따라 돋보기로 확대되기도 했는데, 원판 앞에 설치되었으며 각폭이 360/30 = 12°였다. 원판이 회전하고 있으면, 먼저 나선형에서 가장 바깥쪽에 있는 구멍이 창의 맨 윗부분을 가로질러 지나가면서 '주사선 scan line'이라는 빛줄기의 모양으로 나타났다. 그다음에는 두 번째 구멍이 창을 지나가며 한 줄 아래의 주사선을 그렸고, 그다음부터도 계속 이런 식이었다. 구멍 30개는 총 30개의 주사선을 만들었다. 이와 동시에 전등은 수신된 무선 신호에 따라 아주 빨리 깜빡이며, 회전 중인 원판과 보조를 맞춰 빛 세기를 바꿔서, 화상을 만들어 나갔다. 원

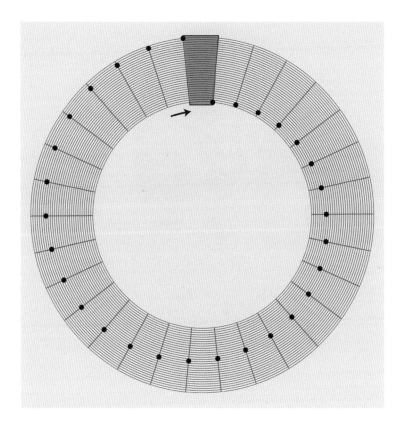

그림 22.1　베어드의 첫 텔레바이저에 쓰인 것과 같이 주사선이 30개인 닙코 원판. 지름이 50cm인 이 원형 금속판에는 구멍 30개가 아르키메데스 나선 모양으로 가지런히 뚫려 있다. '빨간색 선'과 '회색 선'은 참고용일 뿐이다. 이 유형에서는 원판이 시계 방향으로 회전하고, 화면에 해당하는 작은 부분(진회색)이 원판의 '위쪽'에 있다.

판이 1초에 5바퀴씩 회전했으므로, 0.2초마다 새로운 화상이 1프레임씩 만들어졌다.

　　비슷한 닙코 원판이 방송실에서도 가동되었는데, 그곳에서는 출력이 훨씬 높은 전등 하나가 원판 뒤에서 계속 일정한 세기로 빛나고

그림 22.2　노르웨이 과학기술박물관에 소장된 1928년 제작된 베어드 텔레바이저. '뒷모습'이다. 전등과 화면 창이 '왼쪽'에 있다. 원판 테두리 근처의 자잘한 구멍을 눈여겨보라.

있었다. 그런 장치는 집속 렌즈■로 빛을 모아 광점光點을 만들어서 가수 등의 피사체를 휙 훑듯이 비추며 한 줄씩 주사했다. 일단의 셀렌(셀레늄) 광전지selenium photocell들이 거기서 반사된 빛을 감지했다. 그 신호는 곧 증폭되어 무선 송신기로 보내졌다. 그런 촬영은 반사된 조명

■　전자 현미경에서 전자총으로부터 방사된 전자선을 다시 시료면에 모으기 위해 사용하는, 볼록 렌즈와 같은 작용을 하는 전자 렌즈를 말한다.

광과 은은한 주변광이 충분히 대비되도록 암실에서 진행해야만 했다.

베어드가 만든 첫 텔레바이저의 화질은 형편없었다. 화상은 아주 작은 데다 단색이었고, 주사선수 30개의 해상도로는 턱없이 부족한 수준이었다. 최근까지 세계 대부분 지역의 텔레비전 방송에 쓰였던 PAL(phase alternation line) 방식에서는 주사선 625개를 사용했는데도 화질이 그다지 좋지 않았다. 초당 5프레임이라는 프레임률 또한 인간이 영상을 제대로 인식하기에는 너무 낮은 수준이었다. 신호와 원판 회전의 동기화도 시원찮아서 영상이 일렁일렁 흔들리는 것도 문제였다.

베어드는 이 발명품을 신속히 개량했지만 텔레바이저는 끝내 시장에 출시되지 못했다. 하지만 기술적으로는 상당히 성공적이어서 대중을 비롯해 방송 업계, 동료 발명가와 과학자들에게 크게 인정받았다. 그는 1946년에 죽을 때까지 줄곧 영향력 있는 텔레비전 기술자였다. 1926년 그는 프레임률을 12.5Hz까지 높이며, 영상의 흔들림도 그럭저럭 괜찮은 수준까지 줄였다. 1928년에는 최초로 영국과 미국 간의 텔레비전 방송을 성공시키고, 최초의 컬러텔레비전을 선보이고, 3D 텔레비전 개발도 시도했다. 1928년 2월 9일 〈뉴욕 타임스*New York Times*〉는 당시 영미 간의 화상 전송에 대해 다음과 같이 과장된 표현으로 다루었다.

택시에 실을 수 있는 정도로 자그마한 마법 상자 텔레바이저가 바다 건너에서 리드미컬하게 웅웅거리며 작동하자, 자그마한 장방형의 빛으로 이루어진 영상이 점진적으로 만들어지더니, 그 기계의 떡 벌어진 입 속에서 빙빙 도는 눈부신 직사각형 안에 떠 있었다.

주사선수는 꾸준히 늘어나서 결국 240개에까지 이르렀다. 게다가 베어드는 하이브리드 카메라 시스템이라는 장치도 발명했다. 사진기가 어떤 장면을 찍으면 필름이 즉시 자동으로 현상된 후 바로 닙코 원판 앞에서 주사되는 방식이었다. 이 기묘한 기계 장치를 이용하면, 환한 대낮에도 촬영을 할 수 있었다.

여러모로 성능이 개선되었지만, 1930년대 중반에는 베어드의 기계식 텔레비전에 장래성이 없다는 점이 명확해졌다. 음극선관을 이용해 만든 신형 전全 전자식 텔레비전 수상기는 더 안정적이고, 소음도 덜했으며, 더 크고 질 좋은 영상을 보여 주었다. 그래도 주사선을 따라 빨리 움직이는 광점으로 화상을 만드는 원리는 1990년대까지 아날로그 텔레비전 기술의 핵심으로 남아 있다가, 최근에야 픽셀을 이용하는 디지털 텔레비전의 복잡한 화상 코딩 방식으로 대체되었다.

그래도 기계식 텔레비전은 오래된 아르키메데스 나선에 의존해, 보드빌 가수와 찰스턴 댄서와 셰익스피어극 배우들의 깜빡거리는 작고 신기한 주황색 영상으로 최면을 걸 듯 사람들의 마음을 한동안 사로잡았다.

23

네 이웃을 사랑하라

다정다감한 쥐 4마리가 정사각형의 꼭짓점에 있다고 생각해 보라. 각 쥐는 시계 반대 방향의 이웃과 사랑에 빠져, 그쪽으로 달리기 시작한다. 이는 짝사랑에 대한 슬픈 이야기다. 쥐들의 경로는 어떤 모양일까? 이 재미있고 간단한 연습 문제는 수학 교육에 많이 쓰이는데, 출제자가 좋아하는 동물에 따라 쥐 문제, 벌레 문제, 거북 문제, 개 문제 등으로 다양하게 알려져 있다(Lucas, 1877; Gardner, 1965; Nahin, 2012 등). 자동 추적 미사일 4기나 해적선 4척이 서로를 뒤쫓는 문제는 그다지 유쾌하지 않지만 말이다. 이 문제는 쥐가 3마리, 5마리, 아니 몇 마리든 해당 정다각형의 꼭짓점에 각각 놓여 있는 경우로 일반화할 수 있다(마릿수가 홀수이면, 한 마리는 동성을 사랑해야 한다)(그림 23.1).

이 문제를 제대로 분석하려면 미적분을 좀 해야 하는데, 그리 어렵진 않지만 약간 번거로우니 여기서는 건너뛰자. 하지만 그 경로는 별로 놀랍지 않게도 로그 나선이다. 쥐 4마리가 처음에 정사각형 대

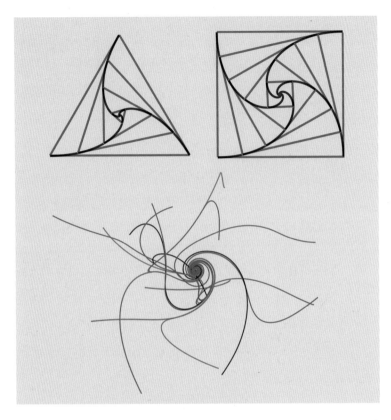

그림 23.1   위 왼쪽: 쥐 3마리가 정삼각형의 꼭짓점에서 출발해 각자의 이웃을 뒤쫓는 경우. '빨간 삼각형'들은 각각 같은 시간 단계의 쥐 위치를 연결한다. 위 오른쪽: 쥐 4마리가 정사각형 꼭짓점에서 출발하는 경우. 아래: 쥐 16마리가 무작위적인 위치에서 출발하는 경우.

형을 이루고 있는 데다 문제가 꽤 대칭적이기도 하므로, 우리는 그들이 정사각형의 형태는 유지하되 서로 모여들면서 그 도형을 회전시키며 축소하리라고 예상할 수 있다. 그런 일련의 회전하며 줄어드는 다각형을 '월whirl'이라 부르기도 한다. 만약 그 경로가 그런 다각들에 계속 접한다면, 우리는 등각 나선을 보게 되리라고도 예상할 수 있다. 이런 예상을 나타낸 그림에 따르면, 반지름 벡터는 다각형들의 각을 이등분하는 듯하다. 그렇다면 경로와 반지름 벡터 사이의 각이 쥐 4마리 문제의 경우라면 $45°$일 테니, 팽창 계수 $k = \cotan 45° = 1$인 등각 나선, 즉 둥근 테셀레이션 모양의 나선이 나타날 것이다. 그 각은 쥐 3마리 문제의 경우라면 $30°$일 것이고, 쥐 N마리 문제의 경우라면 $90 - 180/N$도일 것이다. 무한 마리의 쥐들은 원을 하나 그릴 것이다. 이 문제에 대한 심도 높고 재미있는 논의를 읽고 싶으면 전기공학자 폴 나힌Paul Nahin이 쓴《추격과 탈출: 추격과 탈출의 수학Chases and escapes: The mathematics of pursuit and evasion》(2012)을 보라.

로그 나선 특유의 기이한 속성은 여기서도 유효하다. 경로의 총길이가 유한하므로, 쥐들은 유한한 시간 안에 만날 것이다. $N = 4$인 특수한 경우에는 경로 길이가 묘하게도 정사각형의 한 변 길이와 같다. 하지만 쥐들이 그곳에 이르려면 무한 바퀴를 선회해야 할 테니, 아마도 접근 도중에 원심력 때문에 갈가리 찢어지고 말 것이다.

만약 쥐들이 정다각형의 꼭짓점에서 출발하지 않는다면, 더 복잡한 패턴이 발생할 것이다. 출발 위치가 무작위적이면, 몇 가지 인상적인 형태의 경로가 나타날 수 있다. 이런 일반적인 상황에서 $N = 3$인 경우는 앞서 소개한 나힌의 책에서 논의된다. N이 그보다 큰 수인 경우를 간편하게 연구하려면, 수치적 방법을 써도 되지만(부록 B의 프로그램 코드를 참고하라), 실제로 사람들이 서로를 뒤쫓게 해 보면 더욱더 좋은데, 이는 학생들에게 재미있는 과제가 될 것이다.

24

나선형 둑,
타틀린의 탑

나선형은 현대 미술에서 아주 흔히 나타나는데, 이는 원시주의와 구성주의를 잇는 연결 고리가 된다(Israel, 2015). 가장 유명한 나선형 미술 작품은 대지 미술의 대표적 작가인 로버트 스미스슨Robert Smithson의 〈나선형 둑Spiral Jetty〉일 것이다. 진흙과 돌로 구성된 길이 460m의 그 둑은 1970년에 유타주 그레이트솔트호의 언저리에 만들어졌다. 그 구축물은 호반에서부터 기다란 직선형으로 호수 안쪽을 향해 쑥 튀어나온 다음, 구부러져서 나선형을 이루고 있다. 페루 나스카 지상화(3~7세기)에서 볼 수 있는 인상적인 나선형들과 마찬가지로 〈나선형 둑〉은 공중에서 감상하는 것이 제격이다.

스미스슨은 과학에 대한 관심과 지식이 있긴 했지만 해당 나선형의 수학적 속성에 관해선 별로 신경을 쓰지 않은 듯하다. 구상 스케치(그림 24.1)에서 그 나선형은 안쪽 부분을 보면 아르키메데스 나선 같지만, 나중에 곧은 꼬리 부분 쪽으로 뻗어 나가면서부터는 인접부들의 간격이 넓어진다. 그러나 완성된 작품은 전체적으로 아르키메데스

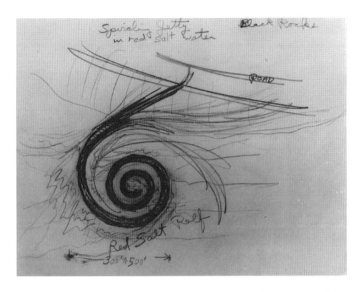

그림 24.1　로버트 스미스슨이 1970년에 그린 스케치 〈붉은 그레이트솔트호의 나선형 둑 *Spiral Jetty in Red Salt Water*〉.

그림 24.2　햇빛에 물든 〈나선형 둑〉. 스미스슨의 1970년 작 동명 영화의 한 장면.

나선에 좀 더 가까운 모양이다. 스미스슨은 시공 과정을 상세히 설명하진 않았다. 그는 "그다음에는 나선형 부분의 윤곽을 잡기 위해 끈 하나를 중심 말뚝에서부터 둘러쳤다"라고 했지만, 끈의 길이가 각도에 따라 어떻게 달라졌는지는 밝히지 않았다.

그 작품에 대해 스미스슨이 1972년에 쓴 에세이와 관련 영화(그림 24.2)는 참으로 아름답다. 그는 자신이 만든 나선형을 우주의 은하, 촬영 중에 자신이 타고 있던 헬리콥터의 프로펠러, 결정結晶에 나타나는 나선 전위轉位와 관련짓는다.

> 그곳은 광대한 둥근 꼴에 둘러싸인 회전장場이었다. 그 소용돌이치는 듯한 공간에서 〈나선형 둑〉의 가능성이 드러났다.

스미스슨이 글과 영화에서 나선형과 태양을 관련시키는 부분은 선사 시대 유럽에서 나선형과 태양 사이에 상징적 연관성이 있었다는 사실을 연상시킨다. 청동기 시대의 왕(제사장)들은 아마 〈나선형 둑〉을 마음에 들어 했을 것이다.

더 기하학적이면서도 그에 못지않게 시적인 작품으로는 페트로그라드(상트페테르부르크)에 세우려 했던 거대한 구성주의 탑이 있다. 1919~1920년에 블라디미르 타틀린Vladimir Tatlin이 설계한 〈제3 인터내셔널 기념비〉는 높이가 400m쯤 되는 탑으로, 위로 갈수록 좁아지는 오른돌이 이중 나선형 강철과 지지 구조물로 구성될 예정이었다(그림 24.3)." 그 안에서는 기하 도형(정육면체, 각뿔, 원기둥, 반구) 모양의 대형 건물들이 일주기나 월주기나 연주기로 회전하기로 되어 있었

그림 24.3   타틀린의 〈제3 인터내셔널 기념비〉 모형(1919).

다. 그런 구조에 내포된 거대한 천문 시계라는 의미는 탑 전체가 지구의 자전축처럼 23.5°만큼 기울어져 있어서 더욱더 강조되었다. 태양이 하늘에서 움직이는 일주기와 연주기. 거대한 나선형. 여기에도 예의 그 상징적 연관성이 있는데…… 물론 이것은 우연의 일치겠지?

■ 화가이자 조각가 타틀린은 러시아 혁명 이후 새로운 러시아의 정체성을 보여 주는 건축물을 제작해 달라는 레닌의 의뢰로 〈제3 인터내셔널 기념비〉를 만들려고 했다. 하지만 설계만 하고 제작하지 못했다.

25

이제 이야기가
복합적으로 전개된다

수학은 르네상스 시대에 다시 인기 있는 학문이 되었다. 그 시대에는 새로운 유형의 뛰어난 수학자들이 고대에 마련된 탄탄한 기반 위에서 연구에 열중하고 있었다. 그들의 저작을 보면 분명히 알 수 있는데, 그들은 자신들이 고대 그리스인들을 능가할 수 있음을 깨닫고 큰 보람과 긍지를 느꼈다! 그들의 초기 연구 분야 중 하나는 다항 방정식의 대수적 해법(즉 근의 공식을 내놓는 방법)이었는데, 이는 고대 그리스인들이 기하학에 푹 빠진 나머지 대충 얼버무리고 넘어가 버렸던 영역이었다. 중세에 인도 등지의 수학자들은 2차 방정식 $ax^2 + bx + c = 0$의 근의 공식을 이미 알아냈다. 그 공식은 다음과 같다(나는 이 식을 보면 고등학교 수학 시간 때 겪었던 힘들고 안 좋았던 일들이 생각난다).

$$x = \frac{-b \pm \sqrt{b^2 - 4ac}}{2a}$$

저 근호 안의 수가 음수가 되는 2차 방정식을 만드는 것은 분명히 쉬운 일이다. 예컨대 $x^2 + 2x + 3 = 0$에 대해 생각해 보자. 공식에 따르면, 우리는 $x = -1 \pm \sqrt{-2}$를 얻게 된다. 이는 중세 수학자들에게 당장은 문제가 되지 않았다. 그들은 그냥 고개를 살짝 갸우뚱하곤 음수의 제곱근을 취할 수는 없는 노릇이니 해당 방정식에는 근이 없다고 말해 버리면 그만이었다. 하지만 상황은 악화되었다.

16세기에 이탈리아 수학자들은 3, 4차 다항 방정식의 대수적 해법을 찾는 난제와 씨름하기 시작했다. 그중 주요 인물로는 니콜로 폰타나 타르탈리아Niccolò Fontana Tartaglia(1499~1557), 지롤라모 카르다노Gerolamo Cardano(1501~1576), 로도비코 페라리Lodovico Ferrari(1522~1565), 라파엘 봄벨리Rafael Bombelli(1526~1572) 등이 있었다. 그런 다항 방정식 가운데 일부에서는 설령 최종 해가 정말 무난한 실수實數이더라도 계산 도중에 음수의 제곱근이 나타났다. 이제는 어쩔 수가 없었다. 음수의 제곱근에 바로 달려들어야 했다. 즉 그런 수를 유용한 구조로 받아들이고, 그런 수가 포함된 식을 계산하는 방법에 대한 규칙을 정해야만 했다.

일단 분명히 $(\sqrt{-1})^2$은 -1과 같다고 정의해야 마땅했다. 어쨌든 제곱근이란 원래 그런 것이니까. 그러나 이는 한 가지 미묘한 문제로 이어진다. 정의에 따르면, $(\sqrt{-1})^2 = \sqrt{-1}\sqrt{-1} = -1$이다. 그런데 $\sqrt{-1}\sqrt{-1}$은 $\sqrt{(-1)(-1)}$과 같아서, 즉 $+1$과도 같다고 봐야 하는 것 아닐까. 아무래도 $\sqrt{-1}$에는 일반적인 대수 규칙을 모두 적용하면 안 될 듯싶다. 그런 오산의 위험을 줄이기 위해 가우스는 그 수량을 숫자 대신 문자 i로 나타내 $i^2 = -1$로 간주하자고 제안했다. 그 i는 '허수imaginary number'

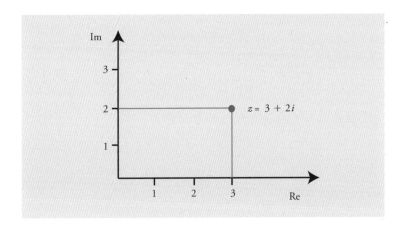

그림 25.1   복소수 z를 복소평면에 나타낸 예. Re는 실수축이고, Im은 허수축이다.

를 의미하는데, 유감스럽게도 (데카르트가 붙인) 이 이름에는 실재하지
않는 신비로운 무엇이라는 뜻이 내포되어 있다.

  이런 이야기가 나선과 무슨 관계가 있을까? 꽤 많이 관련돼 있다.
이제 그 이야기를 해 보자.

  먼저 우리는 '복소수complex number'를 정의해야 한다. 복소수는
복합적이긴complex 하지만 복잡하진complicated 않다. 그냥 실수 부분
과 허수 부분으로 구성된 수 $z = a + bi$일 뿐이다. 우리는 복소수를 '복
소평면'에 점으로 나타낼 수 있는데, 실수부는 가로축에, 허수부는 세
로축에 표시하면 된다(그림 25.1).

  복소수가 과학과 공학에 많이 쓰이는 주된 이유는 대단히 놀라우
면서도 단순한 오일러 공식(1743) 때문일 것이다. 탄탄한 이론적 토대
위에 있긴 하지만 이 공식은 워낙 이상야릇해서 유도 과정에 따라서
만 참이 아니라 정의상으로도 참인 듯하다.

$$e^{i\theta} = \cos\theta + i\sin\theta$$

$\theta = \pi$인 특수한 경우에는 수학에서 가장 아름다운 항등식이라고 들 하는 $e^{i\pi} = -1$이라는 식이 나온다.

오일러 공식에 따르면, $z = e^{i\theta}$은 복소평면에서 반지름이 1인 원을 나타낸다. 그렇다면 $z = e^{k\theta}e^{i\theta}$, 즉 $z = e^{(k+i)\theta}$에 대해 생각해 보자. 이것은 그냥 지수가 복소수인 지수 함수일 뿐이다. 해당 곡선은 지수의 허수부 때문에 원점을 중심으로 회전할 것이다. 그리고 지수의 실수부 때문에 반지름이 지수적으로 증가할 것이다. 복소평면에 나타날 곡선은 분명히 로그 나선일 것이다!

수학에서 지수 함수가 띠는 근본적 중요성을 생각해 보면, 복소평면의 로그 나선이 복소수와 관련된 온갖 체계에서 나타난다는 것은 놀랄 일이 아니다. 1980년대와 1990년대에는 '프랙털'이 대유행이었다. 그 아름다운 수학적 도형들은 무한히 주름진, 아무리 확대해도 절대 매끈해지지 않는 형태가 특징이다. 한 가지 예는 2차 복소함수의 줄리아 집합이다. 그 도형을 그리는 방법은 아주 간단하다. 먼저 복소수 $z = a + bi$를 함수식 $f(z) = z^2 + c$에 대입한다. 복소수 c는 고정된 매개 변수다. 우리는 c값을 얼마로 정하느냐에 따라 다른 도형을 얻게 된다. 우변을 계산하면 새 함숫값 $f(z)$를 얻게 되는데, 이를 새로운 z 값으로 삼아 위 함수식에 또 대입한다. 이런 순환적 과정을 되풀이해 보면, 결과로 나오는 수열이 수렴하거나 무한대로 발산하거나 둘 중 하나라는 사실을 알 수 있다. 수열이 수렴하면, 출발점 $a + bi$를 복소평면에 밝은 색으로 나타낸다. 수열이 발산하면, 출발점을 발산 속도

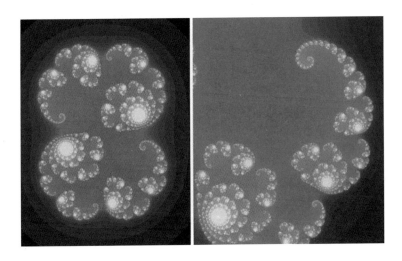

그림 25.2 $f(z)=z^2+0.285+0.01i$의 줄리아 집합과, 그중 오른쪽 아래의 사분면을 확대한 모습. 부록 B에 프로그램 코드가 있다.

에 따라 적절한 색으로 나타낸다. 이제 이런 과정 전체를 복소평면의 어떤 직사각형 안에 있는 모든 출발점 $a+bi$에 대해 반복하면, 그림 25.2와 같은 결과를 얻게 될 것이다.

이 나선형들은 로그 나선 모양에 가깝다. 일부분을 확대해 보면, 나선형들 안에서 나선형들로 구성된 아름다운 나선형들이 새록새록 나타난다. 이는 결코 끝나는 법이 없다. 프랙털이 이제 정말 완전히 한물가긴 했지만, 그렇게 한없이 다채로운 형상이 그토록 단순한 알고리즘에서 나온다는 기묘한 사실은 절대 질리지가 않는다. A. G. 데이비스 필립A. G. Davis Philip은《나선형 대칭Spiral Symmetry》(1992)에서 여러 가지 줄리아 집합의 기묘한 나선형들을 모아서 보여 주기도 했다.

26

치명적인 나선형

단일층은 한 겹으로 된 막이고 이중층은 두 겹으로 된 막이다. 우리 몸의 지질 이중층은 세포막과 핵막을 구성한다. 그런 이중층이 평평하면, 두 층의 면적이 분명히 같을 것이다. 하지만 그 상태에서 한 층이 다른 층보다 많이 팽창하면 막이 구부러질 수밖에 없는데, 그 상황은 흥미롭다. 한쪽 면의 팽창으로 막이 휘는 것은 자연계에서 형태가 만들어지는 기본 원리다. 그 원리에 따라 세포가 형성되고, 배아 속의 온갖 기관과 소포vesicle가 만들어지며, 갖가지 물질이 건조되거나 가열되는 중에 돌돌 말린다. 전설적인 시계 제작자 존 해리슨John Harrison(1693~1776)이 발명한 바이메탈bimetal은 열팽창 계수가 다른 두 가지 합금으로 구성된 이중층 판이어서 열을 받으면 휘게 된다.

잣송이나 솔방울은 나무에 달려 있을 때는 자잘한 비늘이 모두 촉촉하게 유지된다. 하지만 땅에 떨어지고 나면 서서히 건조되는데, 각 비늘의 바깥쪽 면이 안쪽 면보다 빨리 마른다. 그래서 비늘은 바깥

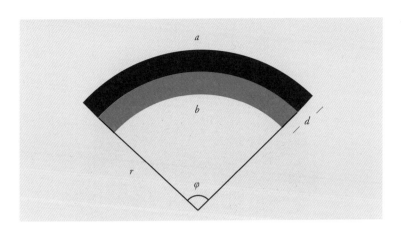

그림 26.1   두께가 d, 바깥층 길이가 a, 안층 길이가 b인 이중층의 곡률 반지름 r.

쪽이 안쪽보다 더 많이 수축함에 따라 바깥쪽으로 휘며 씨앗을 방출하게 된다(Reyssat & Mahadevan, 2009). 이런 원리는 바이메탈의 원리와 아주 비슷하지만, 온도 변화가 아닌 건조가 동인이다.

한 방향으로 휘는 물체의 곡률은 $1/r$로 간편하게 나타낼 수 있는데, 여기에서 r은 곡률 반지름, 즉 휜 막에 내접하는 원의 반지름이다. 바깥층 길이를 a, 안층 길이를 b, 이중층 총 두께를 d라고 하면, 곡률 반지름을 계산할 수 있다(그림 26.1).

반지름 r을 이중층 중심선까지의 길이로 하고, 휜 막의 양 끝 사이의 각 φ를 라디안 단위로 재면, 다음과 같은 결과를 얻을 수 있다.

$$a = \varphi \left(r + \frac{d}{2} \right)$$

그림 26.2 　계피. 이런 나무껍질은 둥글게 구부러져서, 한쪽 끝이나 양쪽 끝이 안으로 말려 들어간 두루마리 모양을 이룬다.

$$b = \varphi \left(r - \frac{d}{2} \right)$$

두 식을 합치면, 다음과 같은 식이 나온다.

$$\frac{a}{b} = \frac{r + d/2}{r - d/2}$$

이 식을 r에 대해 풀면, 다음과 같은 식을 얻을 수 있다.

$$r = \frac{d(a+b)}{2(a-b)}$$

그런데 만약 어떤 휜 이중층 박판의 길이가 정확히 $2\pi r$이라면, 그

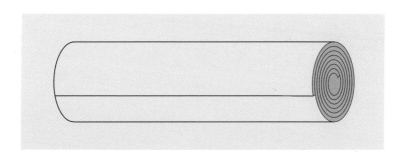

그림 26.3　온석면의 미세 섬유.

박판은 반지름이 r인 원기둥 모양으로 말려 있을 테니, 양 끄트머리가 서로 살짝 닿아 있을 것이다. 길이가 그보다 더 긴 판은 나선형 '두루마리scroll' 모양으로 말려 있을 수밖에 없다. 그런 두루마리의 바깥층은 자신이 원하는 만큼 한껏 말리진 못할 것이다. 안층의 제한을 받고 있기 때문이다. 이런 현상은 말라 가는 자작나무 껍질, 오래된 양피지 등등의 여러 물체에서 일어난다(그림 26.2).

　광물 중에도 그런 것이 있는데, 누구도 접하고 싶어 하지 않을 물질이다. '온석면溫石綿/chrysotile'은 수활석$[Mg(OH)_2]$층과 사면체형 규산염$[Si_2O_5]$층으로 구성된 이중층 구조를 띤다. 그 이중층의 두께는 약 0.8nm다. 수활석층의 단위격자가 규산염층의 단위격자보다 조금 더 크다 보니, 박판은 구부러져서 지름이 보통 25nm 정도인 나선형 두루마리가 된다. 그런 두루마리는 아주 길어져서 미세한 섬유가 되기도 한다(그림 26.3). 미세 섬유들이 합쳐지면 길고 뾰족하며 고약한 석면 섬유가 된다. 누구든 그런 섬유를 많이 들이마시면 죽는다.

27

등반가들의 친구

산에 많이 있는 바위틈들은 등반할 때 확보 지점으로 삼기 좋다. 그런 틈에 끼울 앵커, 즉 등산용 밧줄을 맬 안전하고 튼튼한 고정 장치는 어떻게 설계해야 할까? 이 공학 문제에는 놀라운 해결책이 하나 있다.

1974년 등반가 레이 자딘Ray Jardine과 동료들은 캘리포니아주 요세미티 계곡의 인상적인 화강암 암벽을 놀랍도록 빠른 속도로 등반하고 있었다. 그들은 3일이란 이전 기록을 20시간이라는, 마치 그 절벽을 뛰어 올라가기라도 한 듯한 기록으로 갈아 치웠다. 다른 등반가들은 어안이 벙벙해졌다. 그런 일이 가능할 리가! 자딘은 그 비밀을 몇 년간 작은 파란색 주머니에 넣고 다니며 간직했다. 이후 그 기묘한 신형 장치는 등반 방법을 혁신했다. 그 장치의 암호명은 '친구the friend'였다. 실은 러시아의 산악인이자 발명가인 비탈리 아발라코프Vitaly Abalakov(1906~1986)가 이미 비슷한 장치를 만든 바 있었다. 자딘은 그 형태를 개선한 것이다.

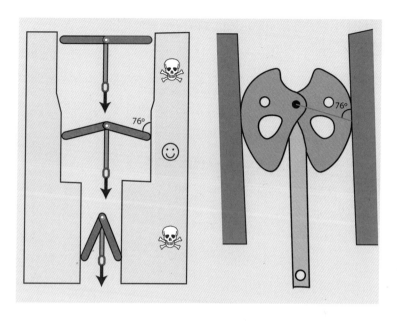

그림 27.1   왼쪽: 관절로 연결된 막대 앵커는 특정 폭의 틈에서만 효과적일 것이다. 오른쪽: 로그 나선형 앵커.

바위틈 앵커의 디자인으로 고려해 볼 만한 것 중 하나는 금속 막대 두 개가 관절로 연결되고 전체의 중심인 그 관절부에 밧줄이 걸리는 형태다(그림 27.1, 왼쪽 가운데). 이 장치의 장점은 등반자가 밧줄을 세게 당길수록 막대들이 바위를 더 세게 밀어 마찰력을 증가시킨다는 것이다. 단점은 특정 폭의 틈에서만 효과가 있다는 것이다. 틈이 조금이라도 더 넓으면, 막대들이 암벽과 너무 큰 각을 이룰 테니(운이 더 나쁘면 암벽에 아예 닿지도 않을 테니), 등반자는 죽는다. 틈이 조금이라도 더 좁으면, 막대들이 암벽과 너무 작은 각을 이룰 것이다. 그러면 막대가 미끄러질 테니, 등반자는 죽는다. 밝혀진 바에 따르면, 일반적인 암벽에서 이상적인 각도, 즉 큰 마찰력을 발생시키면서도 장치에 지나친 부담을 주지 않는 최적의 각도는 약 76°다. 그렇다면 우리에게 필요한 것은 접점에서 암벽이, 접점으로부터 관절부로 이어지는 힘의 작용선과 언제나 76°를 이루게 하는, 즉 그 선의 길이(반지름)와 상관없이 늘 그런 일정 각도를 이루게 하는 도형이다.

어디서나 똑같은 각도……. 이번에도 답은 등각 나선이다!

그 결과로 나온 장치를 '캠cam'이라고 부른다(그림 27.1, 오른쪽). 요즘에는 등반 장비를 파는 어느 스포츠용품점에서나 다양한 종류의 이 장치를 찾아 볼 수 있다. 이것은 모두 데카르트에게서 비롯되었다.

28

역사 속 미궁

서양 문화에서 매우 오래되고 심오하며 보편적인 상징 중 하나는 미궁"이다. 끝을 알 수 없는 구불구불한 뿌리가 신석기 시대까지 깊이 뻗어 있는 미궁은 고대 그리스 신화와 로마 미술에서도 나타나고 지금도 기독교 건축에 중요한 요소로 남아 있다.

참 이상하게도 초기 미궁들 가운데 상당수, 예컨대 신석기 시대의 몇몇 예와 대부분의 고대 그리스 미궁 등은 일곱굽이seven-course형이라는 동일한 패턴을 따른다(그림 28.1). 그런 미궁은 입구에서 중심부까지 갈 수 있는 길이 딱 하나밖에 없다.

유럽의 신석기·청동기 시대 유적 가운데 가장 불가사의한 구조물은 아마 영국의 '헨지henge'와 환상 열석stone circle 같은 거석 기념물일 것이다. 이들은 갈피를 잡을 수 없을 정도로 몹시 다양한 모양

■ 좁은 의미에서 '미로maze'는 어지럽게 갈래가 져서 한 번 들어가면 빠져나오기 어려운 길이지만, '미궁labyrinth'은 그렇게 갈라져 있지 않아서 죽 따라가기만 하면 중심부에 이르게 되는 길이다.

그림 28.1　고전적인 일곱굽이 미궁은 서로 얽혀 있는 두 선(빨간색과 검은색)으로 구성된다.

과 크기로 나타난다. 그중 일부는 가정집이나 방어 시설에 해당할지도 모르지만, 대부분은 분명 종교 의식과 어느 정도 관련되어 있었을 것이다. 스톤헨지 같은 몇몇 구조물은 태양의 움직임과 부합하는 방향으로 세워졌으니, 계절의 변화를 확인하고 찬양하기 위한 성스러운 천문대였을지도 모른다. 왜 그런 환상적인 구조물이, 미스터리를 찾고 우주적 영성을 느끼고자 하는 현대인들을 매혹하는지 이해하기는 어렵지 않다.

　곳곳의 '우드 헨지wood henge'와 관련 구조물들은 이제 무엇보다도 원래 거대한 나무 기둥이 박혀 있던 구멍들의 배열 패턴으로 식별할 수 있다. 스톤헨지에서 북동쪽으로 약 3km 떨어진 곳에 있는 우드

헨지Woodhenge는 대략 BC 2000년 정도에 만들어진 것으로 추정된다. 둘레의 배수로와 제방을 포함한 전체 구조물은 너비가 85m쯤 된다. 중심부에서 고고학자들은 제물로 바쳐진 듯한 한 어린아이의 유골을 발견했다. 그리고 근처에서 십대 한 명의 또 다른 유골도 발견했다. 그 중앙 매장지의 둘레에는 동심원과 얼추 비슷한 6개의 원 모양으로 기둥 구멍들이 배열되어 있다. 가장 바깥쪽 제방에 나 있는 틈 한 군데는 입구로 해석된다.

그런 목조 구조물의 원래 모습은 논란거리지만(그 기둥들이 지붕을 떠받쳤는지의 여부 등), 기둥 구멍들의 배열 패턴은 흥미로운 추측을 불러일으키기도 한다. 영국의 고고학자 줄리언 토머스Julian Thomas는 《신석기 시대 이해하기Understanding the Neolithic》(1999)에서 우드헨지와 그 근처 더링턴 월스에 있는 기둥 구멍들의 혼란스러운 배열 패턴에 대해 설명한다. 신석기 시대에 더링턴 월스의 입구로 들어갔을 참배자나 주술사의 발자취를 더듬어 보면, 동심원 4개를 지난 후에 길이 한 기둥 때문에 막힌다는 사실을 알 수 있다. 이를 해석하자면, 방문자는 이제 옆으로 돌아 두 동심원 열 사이로 걸어가야 했다고 볼 수 있다.

이제 위의 미궁 도식을 보라. 닮아도 묘하게 닮았다. 꼭 더링턴 월스에서처럼 우리는 동심원 4개를 지난 후에 오른쪽으로 돌게 된다. 게다가 몇몇 학자에 따르면 기둥들 사이에 가림막이 쳐져 있었을 수도 있다는데, 그렇다면 우드 헨지들을 일종의 미궁으로 보는 것이 억지스러운 해석은 아니다. 우드헨지가 고전적 미궁을 상세히 재현했다는 증거는 거의 없지만, 기둥 구멍들의 배열 패턴을 지붕 지지와 관련하여 공학적으로 설명하기란 쉽지는 않다. 그 패턴은 너무 비대칭적이며 불규칙한 듯하다. 그런 곳이 일종의 통과 의례 장소였다고 생각해 보면 어떨까? 젊은이들이 아테네 최고의 영웅 테세우스처럼 미궁으로 들어가, 바람에 펄럭이는 막 사이로 끝 모를 원형 통로를 굽이굽이 지나 성스러운 중심부에 이른 후, 정화되고 영적으로 고양된 상태로 바깥 세상에 다시 나타났다면? 매력적인 생각 아닌가. 그리스 신화와 우드헨지의 청소년 유골 발굴 사례를 감안해 좀 더 무시무시한 경우를 생각해 보자면, 어떤 무시무시한 신관神官이 미노타우로스(황소머리가 달린 반인반수의 괴물)처럼 중심부에 살면서 젊은 남녀를 제물로 바치라고 요구했을 수도 있었을 것이다. 어쨌든 우드 헨지들이 크레타 문명의 전성기에 만들어졌다는 사실은 우리의 추측성 가설에 걸림돌이 되진 않는다.

나선형 같은 미궁에 들어갔다 도로 나오는 정화(카타르시스) 과정은 기독교 신화에 깊숙이 자리 잡고 있다. 단테의 《신곡》을 생각해 보라. 거기에는 지옥의 여러 단계를 거치며 내려갔다가 그 거울상과도 같이 연옥산의 여러 단계를 따라 올라가는 과정이 나온다. 샤르트르 대성당의 미궁이 현대의 순례자들에게도 그와 비슷한 방식으로 이용되고 있으니, 그런 사고방식이 중세에도 널리 퍼져 있었으리라고 보는 것도 황당한 추측은 아니다. 그 미궁은 선사 시대와도 연관되어 있다. 이 점은 중심부에 원래 있던 청동 장식판에 테세우스가 미노타우로스를 살해하는 모습이 묘사돼 있었다는 사실을 보면 잘 알 수 있다.

하지만 무엇보다 불가사의한 사실은 똑같은 기하학적 구조물이 아메리카와 아시아의 고대 문명권에서도 발견된다는 점일 것이다. 고

그림 28.2   미국 남서부에서 발견된 '미로 속의 남자man – in – the – maze' 문양.

전적인 일곱굽이 미궁은 북아메리카의 콜럼버스 이전 시대 유적지와 인도의 베다 시대 유적지에서도 나타난다(그림 28.2).

　　이제 상황이 정말 믿기 어려워지고 있는 데다, 그런 미궁이 외계로부터 전파되었다는 식의 터무니없는 가설을 세우고 싶은 마음까지 들고 있으니, 이 이야기는 여기까지만 해 두자!

29

뉴턴의 골칫거리였던 나선

만유인력의 법칙은 아마 뉴턴이 남긴 가장 위대한 업적일 것이다. 그 법칙이 밝혀지지 않았다면, 우리는 위성 통신도 못할 것이고, 달이나 화성을 탐사하지도 못했을 것이며, 무엇보다 우주의 작동 원리도 전혀 모르고 있을 것이다. 만유인력의 법칙에 따르면, 두 물체 사이에 늘 작용하는 서로 끌어당기는 힘은 두 물체의 질량의 곱에 비례하고 물체 사이의 거리의 제곱에 반비례하는데, 그 관계에서 중력 상수라 불리는 G의 값은 $6.67408 \times 10^{-11} \mathrm{m}^3 \mathrm{kg}^{-1} \mathrm{s}^{-2}$이다.

$$F = G\frac{m_1 m_2}{r^2}$$

이 법칙은 로버트 훅Robert Hooke, 크리스토퍼 렌(누군지 기억하는 가? 원뿔을 돌돌 말아 달팽이 껍데기 모양으로 만들었던 사람이다) 등이 이미 내놓은 것이었다. 하지만 뉴턴은《자연 철학의 수학적 원리Principia Mathematica(프린키피아)》(1687)에서 최초로 이를 수학적으로 증명했다.

그런데 정말 제대로 증명했을까? 스위스 바젤에 살았던 얄밉도록 영리한 한 인물은 생각이 달랐다. 그는 요한 베르누이Johann Bernoulli였다. 바로 우리가 앞서 만났던 로그 나선 마니아 야코프 베르누이의 동생이다. 나선은 1710년에 시작된 요한과 뉴턴의 논쟁에서도 중심을 차지했다. 그 싸움은 10년 가까이 치열하게 계속되며, 만유인력의 법칙이 널리 인정받을 시기를 늦추게 될 터였다.

그 논란의 쟁점은 '힘의 역제곱 법칙'이었다. 뉴턴은 만약 어떤 행성이나 혜성이 믿을 만한 천문 관측 결과와 같이 원뿔 곡선(타원, 포물선, 쌍곡선 등) 모양의 궤도를 따라 움직인다면 중력의 크기가 거리의 제곱에 반비례할 수밖에 없음을 증명해 놓았다. 이에 대해서는 베르누이도 전혀 의심하지 않았다. 문제는 '역'명제, 즉 만약 역제곱 법칙이 유효하다면 궤도가 원뿔 곡선 모양이 될 수밖에 없다(《프린키피아》 명제 13의 따름 정리 1)는 말에 있었다. 뉴턴은 이를 명쾌하게 증명해 놓지 않았다. 적어도 초판에서는 그러지 않았다(2판은 1713년에 나왔다).

분명 베르누이의 지적에는 일리가 있었다. 역제곱 법칙에 논리적 오류가 있음을 설명하기 위해 베르누이는 반례를 하나 들었다. 뉴턴도 만약 어떤 천체가 원뿔 곡선 궤도가 아닌 로그 나선 궤도를 따라 움직인다면 힘의 법칙이 어떻게 정의될지 계산해 보았었다. 물론 실제 천체가 그런 운동을 하진 않지만, 이는 흥미로운 연습 문제였다. 그 답은 힘의 크기가 거리의 제곱이 아닌 '세제곱'에 반비례하게 된다는 것이다. 그런데 베르누이는 천체가 '쌍곡' 나선 궤도를 따라 움직이는 경우에도 힘이 '마찬가지로' 역세제곱 법칙을 따르게 된다는 것을 증명해 보였다. 나선의 구체적인 종류(로그 나선이냐 쌍곡 나선이냐)

그림 29.1　다섯 '종'의 코츠 나선. A. 시컨트 나선, $r=1/\cos(0.07\varphi)$. B. 쌍곡 코시컨트 나선
(푸앵소 나선), $r=1/\sinh(0.1\varphi)$. 부록 B에 프로그램 코드가 있다. C. 쌍곡 시컨트 나선(또 다른 푸앵소 나선), $r=1/\cosh(0.1\varphi)$. D. 쌍곡 나선, $r=1/\varphi$. E. 로그 나선, $r=e^{0.1\varphi}$.

는 초기 속도에 따라 결정될 것이다. 바꿔 말하면, 설령 로그 나선 궤도가 역세제곱 법칙을 의미한다는 것이 입증되더라도 그 역명제는 참이 아니다. 그런 법칙에 따라 움직이는 천체는 다른 모양의 궤도를 그릴 수도 있기 때문이다. 베르누이는 주장했다. 이런 문제가 역세제곱 법칙에서 발생한다면 역제곱 법칙에서도 발생할 수 있지 않겠는가?

어쩌면 원뿔 곡선이 아니면서도 뉴턴의 만유인력 법칙과 부합하는 다른 궤도 모양이 있을지도 모르지 않는가?

1714년 영국의 수학자 로저 코츠Roger Cotes는 베르누이의 논지를 훨씬 더 분명히 해 주었다(《하르모니아 멘수라룸*Harmonia Mensurarum*》, pp.30~35). 그는 역세제곱 법칙의 결과로 로그 나선과 쌍곡 나선뿐 아니라 다른 세 가지 나선, 즉 시컨트 나선, 쌍곡 시컨트 나선, 쌍곡 코시컨트 나선도 발생할 수 있다는 사실을 알아냈다. 이런 추가 사례들을 요즘은 보통 '코츠 나선Cotes' spirals'이라고 부른다(그림 29.1).

뉴턴과 지지자들은 결국 자기네 입장을 분명히 밝히며, 왜 원뿔 곡선이 역제곱 법칙에서 도출 가능한 유일한 답인지를 설명해 냈다. 1720년 베르누이는 마침내 나선으로 뉴턴에게 시비 거는 일을 그만두고, 만유인력의 법칙이 유효하다면 원뿔 곡선이 천체가 그릴 수 있는 유일한 궤도 모양임을 인정했다. 잘했다. 이들이 없었더라면 GPS나 우주 망원경도 없었을 것이다.

30

바다의 조각 작품

앵무조개류와 대부분의 암모나이트류는 껍데기가 곧게 뻗어 있거나, 평나선planispiral형으로 동일 평면상에서 돌돌 말려 있거나 둘 중 하나다. 이런 까닭에 그들은 좌우 대칭을 이룬다. 즉 몸의 왼쪽 절반이 오른쪽 절반의 거울상에 해당한다. 그런데 그 로그 나선형의 중심을 붙잡고서 나선의 평면에 수직인 방향으로 죽 당기면 어떻게 될까? 그러면 좌우 대칭이 깨지는데, 그런 껍데기 모양을 '뿔나선trochospiral'형이라고 부른다. 이런 특징이 추가되면, 연체동물 껍데기 모양으로 가득한 보물 상자가 열린다. 거기에는 땅딸막한 쇠고둥과 대합조개에서 더없이 우아하고 섬세한 수정고둥에 이르기까지 다양한 형태가 들어 있다. 사실상 대부분의 연체동물 껍데기(와 완족동물 등 몇몇 다른 동물들의 껍데기)는 세 매개 변수 k, T, D로만 구성된 수학 모형으로 적당히 단순화할 수 있다.

첫 번째 매개 변수는 팽창 계수 k로, 로그 나선의 '촘촘하고 성긴 정도'를 좌우한다. 경우에 따라 우리는 그것 대신 W라는 관련 수치를

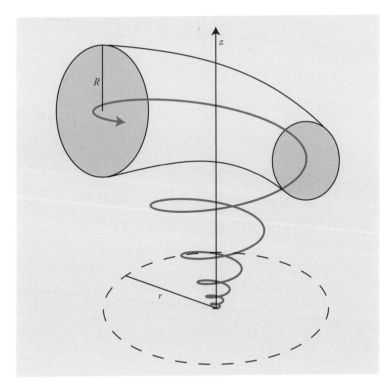

그림 30.1   원기둥 좌표 (φ, r, z)로 나타낸 고둥류 껍데기 모형의 모곡선(빨간색). 이 경우에 모형의 매개 변수는 $k=0.1$, $T=1.6$이다. 구공(회색)은 자체 반지름 R이 증가하는 가운데 모곡선을 따라 움직이면서 껍데기의 표면을 형성한다.

사용해, 나선 한 바퀴마다 반지름이 증가하는 비율을 나타내기도 한다(바퀴당 반지름 팽창률). 로그 나선 방정식 $r=e^{k\varphi}$으로 우리는 $W=e^{2\pi k}$을 얻을 수 있다.

두 번째 매개 변수는 뿔나선도trochospirality T다. 껍데기 모양을 만드는 첫 단계에서는 모선을 그린다. 그것은 빙빙 비틀려 돌아가며 팽창하는 관의 중심을 따라 이어지는 가상의 나선이다(그림 30.1). 이

선은 그냥 로그 나선을 z축을 따라 잡아당겨 놓은 형태일 뿐이다. 원기둥 좌표에서는 다음과 같은 관계가 성립한다.

$$r = e^{k\varphi}$$
$$z = Tr$$

평나선형 껍데기를 만들려면, T값을 0으로 잡으면 된다.

우리는 껍데기 입구(구멍)의 모양도 이를테면 원형 등으로 정해야 한다. 그런 선택은 곧 추가적인 몇몇 매개 변수를 적당히 정하는 일인데, 이들은 여기서 우리가 신경 쓰지 않아도 된다. 그 구멍은 모곡선을 따라 빙빙 돌아 올라가면서 껍데기의 표면을 형성하는데, 그러는 동안 모양이 확대되는 것은 자체 반지름 R이 세 번째 매개 변수 D에 따라 증가하기 때문이다.

$$R = Dr$$

매개 변수 D는 바퀴 간 중복도로, 껍데기 관의 한 바퀴분이 바로 앞의 한 바퀴분과 겹치는 정도를 좌우한다. 비교적 중복도가 낮은 껍데기는 '에볼류트evolute'라 부르고, 중복도가 높은 껍데기는 '인벌류트involute'라 부른다.

이게 전부다. 이 모형에 대한 아이디어는 1838년에 헨리 모즐리 Henry Moseley 목사(성당 참사회원 모즐리로도 알려져 있다)가 치밀하지만 꽤 쉽고 재미있는 한 논문에서 이미 제시했다(그림 30.2). 생장과 형태

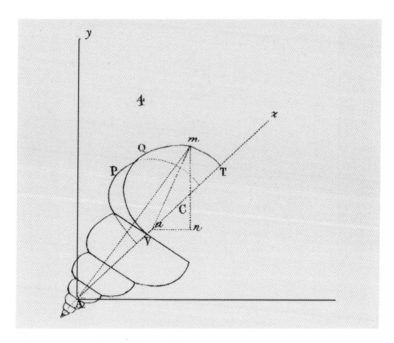

그림 30.2　헨리 모즐리 목사의 1838년 논문에 실린 도해.

에 대한 자신의 수학 모형들을 실제 표본의 측정치로 검증한 모즐리
는 현대적 의미에서 수리 생물학의 선구자로 평가받는다.

그런데 타워 크레인(그림 30.3)의 갈고리가 따라가는 원뿔 모양의
입체 경로는 모즐리의 모곡선과 닮았지만 아르키메데스 나선에 기초
한다. 타워 크레인은 여러 가지 흥미진진한 수학적 · 물리적 특성을
띠는데, 그중 하나는 그 기계가 기본적으로 원기둥 좌표계에서 작동
한다는 것이다. 운전기사는 조종간으로 모터 세 개를 제어한다. 한 모
터는 크레인(기중기)의 회전각을 잡고, 한 모터는 지브jib＊을 따라 움직
이는 트롤리trolley＊＊의 위치를 잡고, 나머지 한 모터는 갈고리의 높이

185

그림 30.3 　타워 크레인.

를 잡는다. 이 세 매개 변수는 슬루slew, 트롤리, 호이스트hoist ▪라고 불리지만 실은 원기둥 좌표계의 편각, 반지름, 높이일 뿐이다. 일단 호이스트는 고정해 두고서 기중기를 회전시키며 트롤리를 일정 속력으로 증가시키는 상황을 생각해 보자. 그런 경우에 갈고리는 아르키메데스 나선을 그리며 움직일 것이다. 이제 호이스트도 증가시켜 보자. 그러면 갈고리에 매달린 짐은 꼭짓점이 아래로 향하도록 뒤집힌 원뿔의 옆면 위에서 입체 나선을 그리며 움직일 것이다(그림 30.4).

　타워 크레인에서 나타나는 나선은 아르키메데스 나선을 z축을 따

▪ 기중기에서 앞으로 내뻗친 팔뚝 모양의 긴 장치를 말한다.
▪▪ 크레인의 빔 위로 이동하는 무개차로, 짐을 매달아 올리는 장치와 빔 위를 이동하는 가로 이송 장치가 장착되어 있다.
▪ 무거운 물체를 주로 상하로 이동시키는 데 사용하는 기계 장치를 말한다.

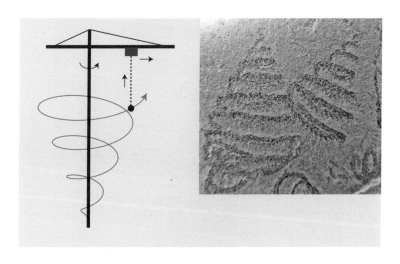

그림 30.4　왼쪽: 크레인이 회전하고 트롤리가 바깥쪽으로 이동하는 가운데 갈고리가 계속 올라가면서 그리는 뿔나선형 경로(빨간색). 오른쪽: 오슬로대학교 자연사박물관에 소장되어 있는 실루리아기의 필석류 스피로그랍투스 투리쿨라투스. 길이는 4cm 정도 된다.

라 잡아당겨 선형적으로 늘여 놓은 형태여서, 인접부 간의 수직 거리가 달팽이 껍데기에서처럼 지수적으로 증가하지 않고 일정하게 유지된다. 이 도형의 정식 명칭은 원뿔 나선이다. 원뿔 나선은 모즐리의 로그 나선적 껍데기 모형처럼 그노몬적인 형태가 아니다 보니, 자연계에서 흔히 볼 수 없다. 동물 가운데 내가 아는 유일한 예는 약 4억 4000만 년 전의 고생대 실루리아기에 살았던 필석筆石/graptolite류인 스피로그랍투스 투리쿨라투스*Spirograptus turriculatus*다(그림 30.4). 필석류는 고생대 오르도비스기부터 석탄기까지 흔했던 기묘한 군서 동물로 대부분 부유 생활을 했다.

　아마도 가장 웅장한 원뿔 나선은 이라크 사마라 대모스크Great

그림 30.5   1973년에 촬영한 이라크 사마라 대모스크의 말위야 첨탑.

Mosque(848~852)의 일부인 말위야Malwiya(나선) 첨탑의 외부 나선형 경사로일 것이다. 아바스 왕조의 황금기를 이끈 칼리프 알무타와킬Al-Mutawakkil (821~861)이 그 탑을 세웠다. 이는 신앙 행위였을 뿐만 아니라 알무타와킬 자신의 막대한 권력의 상징이기도 했을 것이다. 52m 높이의 원뿔형 탑인 말위야는 정사각형 기단 위에 올려져 있다(그림 30.5). 2005년 미국군과 이라크군이 사마라를 점령한 후, 미군 병사들은 그 성스러운 나선형 길을 올라갔다. 마치 알무타와킬이 1000여 년 전에 하얀 당나귀를 타고 올라갔듯이, 단테가 연옥산을 올라갔듯이, 니므롯왕이 바벨탑을 올라갔듯이 말이다. 올라간 미군들은 꼭대기에 저격병을 배치했다. 아니나 다를까 그 꼭대기 층은 반군의 포격으로 산산이 부서지고 말았다.

모즐리의 로그 나선적 껍데기 모형이 과학자들 사이에서 유명해진 것은 고생물학자 데이비드 라우프David Raup의 컴퓨터 모의 실험 덕분이었다. 1962년 〈사이언스Science〉에 실린 한 논문에서 그는 IBM - 7090 컴퓨터(초기 트랜지스터 컴퓨터 모델 중 하나)를 플로터라는 출력 장치에 연결해 껍데기 수학 모형의 2D 단면도를 그리는 방법을 설명했다. 이 단면도를 바탕으로 그는 투시도를 손으로 그려 냈다. 3년 후인 1965년에는 투시도 그리기의 자동화에도 성공했는데, 그런 그림에서 앞쪽 형태에 가려 안 보여야 할 점(은점)들을 제거하는 일까지도 자동화했다(그림 30.6, 왼쪽). 하지만 라우프의 말에 따르면, 그 과정은 "컴퓨터 작업 시간을 고려하면 비용이 많이 드는 편"이었다. 현대의 컴퓨터 사용자에게는 이것이 말도 안 되는 이야기 같을 수도 있지만, IBM - 7090은 1960년 당시 가격이 약 300만 달러로 상당한 고가임에도 불구하고 연산을 초당 40만 회 정도밖에 수행하지 못했다. 지금 우리의 자그마한 컴퓨터는 그보다 적어도 1000배는 더 빠르다.

비용을 줄이기 위해 라우프는 시험 삼아 아날로그 컴퓨터를 아날로그 CRT 디스플레이 장치에 연결해 사용해 보기도 했다(그림 30.6, 오른쪽). 거기서 꽤 멋진 결과를 얻은 그는 온갖 껍데기 형태를 전반적

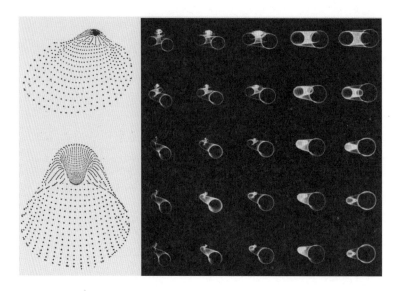

그림 30.6   라우프가 컴퓨터로 그린 연체동물 껍데기 투시도. 왼쪽: IBM - 7090 컴퓨터로 만든 투시도. 오른쪽: PACE TR - 10 아날로그 컴퓨터를 휘도가 조절되는 오실로스코프에 연결해 만든 3D 투시도.

으로 연구할 수 있게 되었다. 그나저나 아날로그 컴퓨터는 아름다운 물건이다. 지금이야 물론 전혀 쓸모없지만 그것은 단순한 전자 회로를 이용해 수량에 해당하는 전압으로 산술 연산, 미분과 적분을 수행하는 계산기다. 라우프가 사용했던 PACE TR - 10은 상당히 작은 기계로, 대략 주방 의자만 했다(그림 30.7). 우리가 저항 몇 개와 트랜지스터 몇 개로 쇠고둥의 껍데기 모양을 만들어 낼 수 있다니 정말 놀랍다.

요즘은 라우프식 껍데기 모양을 컴퓨터로 그림 30.8과 같이 나타내는 것이 별일이 아니다. 그 모형에 따르면 분명히 연체동물의 껍데기들은 모형 매개 변수의 범위만큼 뻗어 있는 하나의 연속적인 모

그림 30.7   1960년경에 만든 PACE TR – 10 아날로그 컴퓨터.

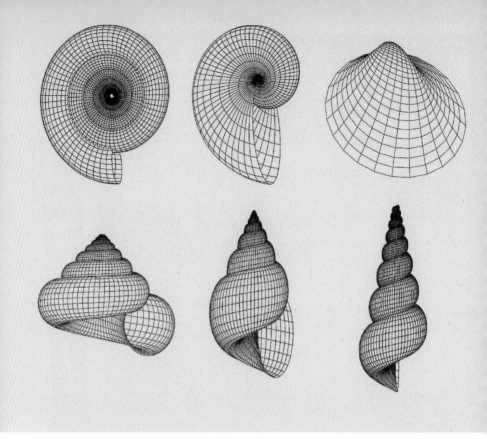

그림 30.8　　라우프 모형을 이용해 만든 몇 가지 껍데기 모양. 위 왼쪽: *k*값을 중간 정도로, *D*값을 작게 잡아 평나선형(*T*=0)을 만들면 암모나이트 껍데기 모양이 나온다. 위 오른쪽: *k*값을 크게 잡아 만든 평퍼짐한 뿔나선형(*T* 〉 0). 이매패류답게 좌우가 비대칭인 새조개의 껍데기 모양이다. 아래 왼쪽: *T*값을 중간 정도로 잡으면 나선형이 낮게 돌아간 달팽이 껍데기 모양이 나온다. 아래 오른쪽: *T*값과 *D*값을 크게 잡으면 나선형이 높게 돌아간(탑형 turriform) 껍데기 모양이 나온다.

양 공간, 즉 '형태 공간morphospace' 안에 존재하므로 형태들 간의 진화적 변화가 비교적 쉬울 것이다. 그림의 껍데기 모양들은 내가 유튜브에 올려놓은 동영상에서 가져온 것인데, 그 영상을 보면 여러 형태 간의 원활한 변환 과정을 확인할 수 있다(https://www.youtube.com/watch?v=f2GYFUipkvw). 혹시 내가 만든 윈도용 대화형 3D 연체동물 껍데기 모양 생성 프로그램도 사용해 보고 싶은 분이 있다면, 이 사이트(https://folk.uio.no/ohammer/seashell/)에서 내려받기 바란다.

앞서 말했듯이 이런 형태들은 모두 그노몬적이며 자기 유사적이다. 그래서 아직 뾰족한 끝부분에서부터 얼마 자라지 못한 어린 껍데기도 완전히 성숙한 껍데기와 같은 형태를 띤다. 자연계에서 실제로 꼭 그런 경우는 드문데, 이는 생장 매개 변수들이 해당 동물의 생애 동안 조금씩 달라지기 때문이다. 그래도 로그 나선은 굉장히 훌륭한 연체동물 껍데기 모형이 된다. 어쩌면 이를 포함한 여러 이유 때문에 우리는 이 곡선이 정말 아름다우며 매력적이라고, '완벽한 도형'이라고 생각하는지도 모른다.

각축의 아름다움

고둥류 껍데기의 '바깥쪽'은 아주 멋지다. 하지만 그런 껍데기는 다른 쪽, 즉 '안쪽' 또한 굉장히 멋지다. 달팽이 껍데기의 안쪽을 한 번도 못 본 사람이 많은데, 이는 애석한 일이다. 수정고둥을 톱으로 잘라 둘로 나누거나 심지어 망치로 박살내기까지 하는 것은 아주 나쁜 일 같다. X선 CT 스캐너를 사용하는 것이 좀 더 고상한 대안이다(그림 30.9). 고둥류 껍데기 안쪽의 가장 놀라운 특징은 '각축殼軸/columella' 이라는, 나선 중심축을 따라 이어져 있는 기둥 모양의 구조다. 사실상 뿔나선형 껍데기의 내벽에 불과하지만 그 부분은 건축학적으로 아주 진귀한 구조인데, 경우에 따라선 나선형 홈으로 장식되어 있어 나사

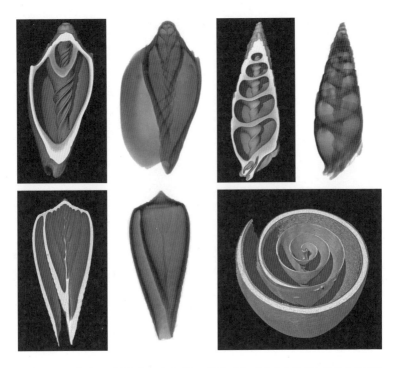

그림 30.9   위 왼쪽: 킴비올라*Cymbiola*라는 고둥의 내부. 각축이 오른돌이 입체 나선 모양이다. 길이는 5cm 정도 된다. 3D 단층 촬영 사진과 X선 사진. 위 오른쪽: 송곳고둥류. 아래 왼쪽: 이 청자고둥*Conus*은 각축이 매우 가늘고 섬세하다. 3D 단층 촬영 사진과 X선 사진. 아래 오른쪽: 컴퓨터로 윗부분을 제거해 놓은 청자고둥 껍데기의 모습. 이 이미지들은 산업용 CT 스캐너로 얻은 것이다. 껍데기들은 무사하니 걱정 마시라.

나 나선 계단처럼 보이기도 한다.

작은 뚜껑

고둥류 가운데 상당수는 '뚜껑operculum'이라는 문으로 껍데기 입구를 닫을 수 있는데, 그 영문 명칭은 '작은 뚜껑'을 뜻하는 라틴어에서

그림 30.10   투르보 뚜껑의 안쪽 면. 테두리에서 실제로 생장하는 부위는 왼쪽 윗부분이다. 이 뚜껑의 폭은 3cm 정도 된다.

온 말이다. 바위투성이 해변의 총알고둥에게 이것은 생명줄과도 같다. 썰물 때 몸의 건조를 막아 주기 때문이다. 다른 고둥류에게 그 작은 뚜껑은 게를 비롯한 포식자들의 공격을 막는 강력한 방어물이 된다. 그런데 여러 종의 뚜껑, 특히 투르보*Turbo*라는 바닷고둥 속屬의 뚜껑에서 우리는 또 다른 기막힌 나선형을 볼 수 있다(그림 30.10). 오른돌이(우권) 껍데기에서 그 나선형은 안쪽 면을 봤을 때 예외 없이 시계 방향으로 돌아 나가는 모양이다. 마치 그 고둥이 자신의 생활 방식 전체를 상징하는 도형으로 문을 장식하고 싶어 하는 듯하다.

그런 문이 만들어지는 방식을 살펴보면 감탄스럽다. 그 원반 모양은 언제나 껍데기의 입구에 꼭 맞아야 하는데, 입구는 크기가 계속 증가한다. 만약 뚜껑의 테두리 전체가 동심원적으로 골고루 생장한다면, 이것이 아주 어려운 일은 아닐 것이다. 몇몇 종은 바로 그렇게 하지만, 투르보를 비롯한 여러 고둥의 뚜껑은 약간 굽은 삼각형 모양의 증분을 테두리의 일부에만 덧붙여서 그노몬적으로 생장한다. 이 과정은 껍데기 전체의 생장 원리와 비슷한 원리를 따르다 보니, 같은 수학적 이유로 로그 나선형을 낳는다. 그런데 기이하면서도 아주 멋진 점은 뚜껑 전체가 이런 식으로 생장하는 내내 입구에 꼭 맞게 된다는 것이다. 그렇게 되려면 뚜껑은 계속 회전해야 한다.

헨리 모즐리는 일찍이 1838년 논문에서 투르보 뚜껑의 이런 놀라운 속성에 대해 다음과 같이 이야기한 바 있다.

첫 번째 작은 단면부에 맞았던 바로 그 테두리가 그다음의 비슷하나 좀 더 큰 단면부에 맞게 적응할 수 있다는 사실은 매우 복잡하고 난해한 듯한 기하학적 규칙이 둥근 방의 형태로 존재함을 전제로 한다. 그런데 신은 이 조그마한 건축가에게 박식한 기하학자의 실용적 기술을 부여해 놓았다.

31

새점을 치던 신관들의 나선형

고대 로마의 정치가들은 컴퓨터 모형을 쓰는 경제학자의 말을 듣지도, 전문 고문과 기술 관료의 조언을 듣지도 않았다. 그 대신 그들은 새들을 지켜보았다. 어쩌면 그 방법 또한 마찬가지로 효과적이었는지도 모른다. 복점관卜占官/augur이라는 몇몇 신관으로 구성된 자문단은 새들의 비행 방식, 종, 울음소리, 방향과 속도를 보고 신들의 뜻을 헤아렸다. 복점관은 손에 '리투스'라는 나선형 막대기를 쥐고 있었는데, 그것은 그의 지혜와 힘의 상징이자 하늘의 네 방향을 표시하는 도구였다. 리투스는 로마 동전에서 흔히 볼 수 있는 상징으로, 황제의 덕을 암시하기도 한다.

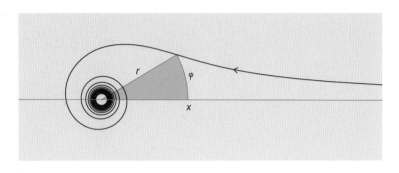

그림 31.1   로저 코츠의 리투스(1722). x축과 이 곡선 사이의 부채꼴들(예컨대 여기서 주황색으로 표시된 부채꼴 등)은 모두 넓이가 같다.

　1722년 유작으로 출간된 《하르모니아 멘수라룸》에서 로저 코츠는 x축과 나선 사이에 있는 모든 부채꼴의 넓이가 같은 나선을 그리고자 했다(그림 31.1). 그 결과는 극방정식이 $r=a/\sqrt{\varphi}$인 곡선이었다. 부채꼴 넓이의 균일성은 정의에 직결되어 나타나는 당연한 결과다. 양변을 제곱하고 항들을 재배열하면 $\varphi r^2=a^2$을 얻을 수 있는데, 그렇다면 부채꼴의 넓이인 $\varphi r^2/2$는 $a^2/2$이라는 상수인 셈이다.

　복점관이 썼던 막대기와의 유사성에 착안한 코츠는 이 곡선을 '리투스'라고 일컬었다(몇몇 웹페이지와 책에서는 엉뚱하게도 이 이름을 영국 수학자 콜린 매클로린Colin Maclaurin이 지었다고 한다). 오늘날의 수학자들 중에서는 과연 몇이나 그런 연관성을 알아차렸을지 궁금하다. 서양 고전학은 예전 같지가 않다.

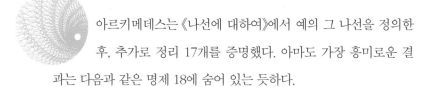

32

원을 네모지게 만들기

아르키메데스는 《나선에 대하여》에서 예의 그 나선을 정의한
후, 추가로 정리 17개를 증명했다. 아마도 가장 흥미로운 결
과는 다음과 같은 명제 18에 숨어 있는 듯하다.

나선의 첫 바퀴 끝점을 P라고 할 때 OP가 시초선이라면, 그리고 P에서
나선에 접하는 선을 그으면, OP와 직각을 이루도록 O에서부터 그은 직
선 OT는 그 접선과 어떤 점 T에서 만날 텐데, OT의 길이는 첫 번째 원
의 둘레와 같을 것이다.

이를 이해해 보자. 이 정리의 도해는 그림 32.1에 나와 있다. 선
분 OP는 아르키메데스 나선의 정의에서 언급되었던 직선으로, 그 나
선을 만드는 데 쓰인 바 있다. 그 선이 한 바퀴를 다 돌았을 때, 나선
은 점 P에 도달했다. 이제 P에서 나선에 접하는 선을 긋고, 또 O에서
부터 OP에 수직인 선도 그어 보자. 이 두 선이 만나는 점이 바로 T다.

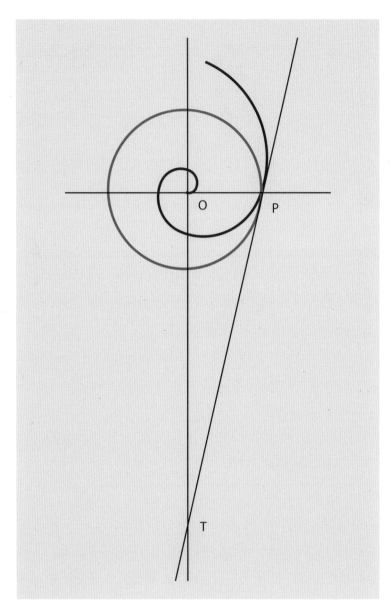

그림 32.1 아르키메데스의 《나선에 대하여》의 명제 18에 따르면, 빨간색 원의 둘레는 OT의 길이와 같다.

이 정리에 따르면, OT의 길이는 '첫 번째 원,' 즉 OP를 반지름으로 하는 원의 둘레와 같다. 바꿔 말하면 OT=2πOP다. 게다가 이 정리를, 아르키메데스가 전에 내놓았던 다음 명제(《원의 측정》이란 저작의 명제 1)와 간단히 조합하면, 원의 넓이도 구할 수 있다.

원의 넓이는, 직각을 끼고 있는 두 변 중 하나의 길이가 그 원의 반지름과 같고 나머지 하나의 길이가 그 원의 둘레와 같은 직각 삼각형의 넓이와 같다.

이 말은 곧 첫 번째 원의 넓이가 삼각형 OPT의 넓이와 같다는 뜻이다. 다시 말해, 만약 나선과 그 위의 점 P에서의 접선을 그릴 수 있다면, OP를 반지름으로 하는 원의 넓이를 알 수 있다. 독특하게도 아르키메데스는 자신이 성취한 바를 직접 밝히지 않고 독자의 해석에 맡겨 둔다. 그는 '원을 네모지게 만든square the circle' 것이었다. 오늘날 이 말은 영어권에서 예사롭게 쓰는 알쏭달쏭하고 진부한 관용구들, 이를테면 'acid test'(시금석), 'buy a pig in a poke'(물건을 잘 보지도 않고 사다), 'cut the mustard'(기대에 부응하다)와 같은 것 중 하나일 뿐이다. 'square the circle'은 불가능한 일을 헛되이 시도한다는 뜻이다. 하지만 고대 그리스인들에게는 그냥 원의 넓이를 구한다는 뜻이었다. 그들은 어떤 문제든 유클리드가 내놓은 공리에 따라 기하학적으로 다루려고 고집하다 보니, 그런 넓이를 컴퍼스와 자로 작도해 특정 원과 넓이가 같은 정사각형을 그려 내야겠다고 생각하게 됐다. 이 문제는 고전 시대의 인기 퍼즐이 되었다. 1900년대로 치면 루빅 큐브, 요즘으로 치면 스도쿠와 같은 것이다. 르네상스 시대의 학자들은 이 문제를 부활시켰으나 이렇다 할 성과를 거두지 못했다. 그러다 보니 언제부턴가 수학자들은 이 일이 과연 가능하긴 한 것인지 의심하게 됐다. 결국은 1882년 독일의 수학자 페르디난트 폰 린데만Ferdinand von Lindemann이 π가 유클리드 기하학의 범위 밖에 있는 초월수임을 증명함으로써 2000여 년간의 논란에 마침표를 찍었다.

아르키메데스의 해법은 컴퍼스와 자로 실행할 수 없다. 그 해법을 따르려면 나선을 작도해야 하기 때문이다. 그 이후에 기묘한 비유클리드적 장치를 이용하는 몇 가지 해법이 다른 그리스 수학자들의 노력으로 고안되었고, π의 근삿값 또한 수열을 쓰는 현대적 계산법의 기원에 해당하는 기발한 방법들로 여러 차례 구해졌다. 아르키메데스 본인도 이 후자의 분야를 연구했다. 그래도 나선으로 원의 넓이를 구하는 방법은 지금까지도 고대 그리스 수학의 가장 멋진 성과로 꼽힌다. 게다가 그 저작은 역사상 최초로 나선을 다룬 학술 논문이었다. 바로 그때부터 2000년이 넘도록 과학자들은 최면에 걸린 듯 마음을 사로잡는 이 곡선들에 매료되어 온 셈이다.

그나저나 이번 장이 어렵게 느끼지는 분은 아르키메데스의 저작을 한번 읽어 보시라. 거기서 그는 실제로 모든 것을 '증명해' 보인다. 장담컨대 누구든 그 책을 읽어 보면, 현대인이 지적으로 우월하다는 생각이 싹 가실 것이다.

33

네브래스카주의
악마 같은 비버들

프레더릭 코틀랜드 케니언Frederick Courtland Kenyon은 머지않아 벌 뇌 연구의 세계적인 권위자가 될 터였다. 하지만 1893년에 그는 네브래스카주의 대초원을 누비며, 고생물학계의 최대 수수께끼 중 하나에 대한 탐사 임무를 수행하고 있었다. 그는 1895년 자신이 쓴 흥미진진한 현장 보고서에서 "얼마간 그 지역의 카우보이와 농장주들에게 [······] 악마의 코르크스크루(코르크 따개)라고 알려져 있던" 어떤 기괴한 화석에 대해 설명한다. 이들은 주로 약 2000만 년 전인 마이오세 초기의 해리슨층에서 나타난다. 그 지층의 명칭은 해리슨이라는 작은 마을의 이름에서 따온 것이다. 케니언의 설명에 따르면 그 마을은 "군청 벽돌 건물 하나, 교회 하나, 학교 건물 하나, 호텔 하나, 거의 변함없는 술집 하나, 가게 몇 곳, 주택 20여 채" 정도밖에 없는 곳이었다. 불과 한 해 전에 그 코르크스크루는 네브래스카 대학교의 지질학자이자 고생물학자인 어윈 H. 바버Erwin Barbour가 '데모넬릭스Daemonelix'라고 명명한 바 있다. 이들은 네브래스카주와

그림 33.1　네브래스카주의 데모넬릭스 굴. 크기 비교를 위해 프레더릭 코틀랜드 케니언이
서 있다. 이 사진은 1893년에 찍은 것인 듯하다.

와이오밍주의 광대한 지역에서 완벽한 모양을 갖춘 사암질의 거대한
입체 나선형으로 수천 개가 발견되는데, 높이는 보통 210~275cm 정
도다. 나사 모양의 맨 아래에서는 길고 곧은 원통형 사암이 가로 방향
이나 비스듬한 방향으로 상당히 멀리까지 뻗어 있는 경우도 있다(그
림 33.1).

　　그 이름에 걸맞게 악마의 나선형은 반세기 동안 과학계에 대혼란
을 불러일으켰다. 몇몇 유명 학술지에 실린 여러 논문에서 수염을 기른
학자들은 뜨거운 열정과 지적 허영심을 품고 이런저런 학설을 발표했
다. 그들이 생각하는 그 나선형의 정체는 거대한 민물 해면동물(해면동

물을 본 적이 있는 사람에겐 얼토당토않은 얘기로 여겨질 것이다)과 석화된 덩굴 식물(도대체 어떻게 그런 일이 일어났을까?)에서 거대한 식물 뿌리 (아주 터무니없진 않은 듯하다) 등등에 이르기까지 다양했다.

그 진상은 아주 희한하긴 하지만, 증거를 고려해 보면 정말 대번에 알 수 있을 만한 것이었다. 바버가 이를 처음부터 거의 정확하게 설명했는데, 그는 훗날 그 주장을 철회해 버렸다. 그런 구조물들 중 일부의 안쪽에는 어떤 설치류의 완전한 화석이 꼭 맞게 들어 있었다. 그 나선형은 다름이 아니라 작은 비버들의 나선 계단으로, 지하 깊숙한 곳의 주거 공간으로까지 이어져 있다. 마이오세 초기의 네브래스카주는 오늘날과 별다를 바 없이 건조한 초원이었다. 설마 그런 곳에 비버가 있을까 싶기도 하겠지만, 팔레오카스토르*Palaeocastor*는 오래전에 살았는데, 그 당시에는 비버류가 사는 방식이 좀 달랐다.

악마의 정체가 비버라는 학설이 비로소 널리 받아들여진 것은 2차 세계 대전 후였다. 래리 마틴Larry Martin과 데브라 베넷Debra Bennett(1977)은 이 문제를 면밀히 연구하여, 굴 벽의 이빨 자국과 발톱 자국을 비롯한 여러 흥미로운 세부 사항을 기술했다. 그런 굴 가운데 절반 정도는 왼돌이이고 나머지 절반 정도는 오른돌이다. 옛날 비버들은 양손잡이였던 것이다!

이 이야기에 묘한 반전이 가미된 것은 고생물학자 로저 스미스Roger Smith(1987) 덕분이었다. 그는 남아프리카공화국의 페름기Permian 말(약 2억 5500만 년 전) 지층에서 비슷하지만 덜 인상적인 구조물을 발견했다. 그 시대는 포유류가 나타나기 전이었고, 공룡도 나타나기 전이었다. 그곳의 어떤 굴 안에는 딕토돈*Diictodon*의 뼈가 있는

데, 이들은 포유동물과 비슷한 디키노돈트dicynodont라는 파충류로 체형이 굴을 파는 설치류를 연상시킨다. 이는 수렴 진화의 정말 멋진 일례다. 수렴 진화란 유연관계가 멀지만 비슷한 생태적 지위를 차지하는 생물들에게서 서로 비슷한 기관, 체형, 습성이 따로따로 나타나는 현상을 말한다. 흥미롭게도 스미스가 연구한 굴 50개는 모두 오른돌이 나선형이다.

34

겨우살이 아래에서

어떤 거리만큼 똑바로 걸어가라. 그다음에는 가던 방향에서 왼쪽으로 각도 θ만큼 돌아라. 그리고 먼젓번보다 몇 퍼센트 더 긴 거리만큼 걸어간 다음, 또 같은 각도만큼 왼쪽으로 돌아라. 이런 식으로 계속하면, 선분 길이가 등비수열을 이루는 '다각 나선'을 그리게 된다.

이제 다음과 같은 다각 나선을 한번 생각해 보자. 선분 길이가 $c_i = gc_{i-1}$로 정해져 있고(g는 1보다 큰 임의 상수) 전향각이 θ로 일정한 다각 나선. 그림 34.1에서 나선 선분 c와 두 연속하는 나선 반지름 r로 구성된 삼각형들은 모두 닮은꼴이다(모두 모양은 같은데 크기만 다르다). 이런 그노몬성으로 미루어 보면, 우리는 다각 나선의 꼭짓점들을 모두 지나가는 로그 나선을 그릴 수 있을 듯하다. 그 로그 나선의 팽창 계수 k는 다음과 같이 계산할 수 있다.

각도 $\Delta\varphi$는 멀리 갈 것 없이 θ를 이용해 나타낼 수 있는데, 이는 삼각형의 세 내각의 합이 π이기 때문이다.

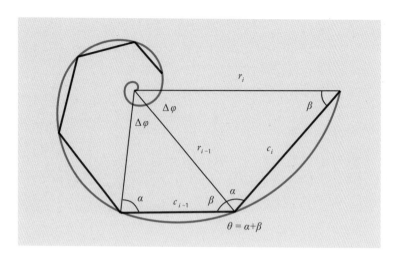

그림 34.1   두꺼운 검은색 선: 선분들 간의 비 g가 c_i/c_{i-1}이고 전향각이 θ인 다각 나선. 빨간색 선: 해당 로그 나선.

$$\pi = \Delta\varphi + \alpha + \beta = \Delta\varphi + \theta$$

$$\Delta\varphi = \pi - \theta$$

삼각형들의 닮음과 로그 나선의 방정식을 이용하면 다음을 얻을 수 있다.

$$g = \frac{c_i}{c_{i-1}} = \frac{r_i}{r_{i-1}} = \frac{ae^{k\varphi i}}{ae^{k\varphi i-1}} = e^{k(\varphi i - \varphi i-1)} = e^{k\,\Delta\varphi} = e^{k(\pi-\theta)}$$

항들을 재배열하면, 우리는 구하고자 했던 k를 다각 나선의 두 매개 변수(이웃하는 나선 선분들 간의 비 g와 전향각 θ)의 함수 형태로 얻을 수 있다.

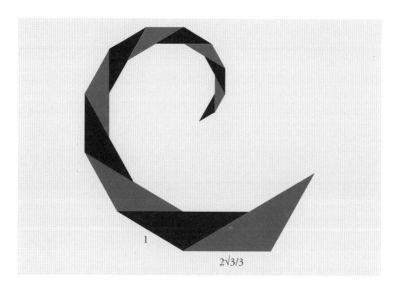

그림 34.2   스미스슨의 〈댈러스 포트워스 지역 공항 조감도안Aerial Map－Proposal for Dallas－Fort Worth Regional Airport〉(1967)의 기하학적 구조.

$$k = \frac{\ln g}{\pi - \theta}$$

앞에서 우리는 〈나선형 둑〉을 만든 미국 미술가 로버트 스미스슨을 만났다. 그는 그 작품 말고도 흥미로운 나선형 미술 작품을 몇 점 더 만들었다. 그중 하나는 댈러스 공항 조감도안(1967)인데, 원래는 일련의 삼각형 거울로 구성되었다(그림 34.2). 각각의 이등변 삼각형은 밑각 θ가 30°이고, 일정 비율로 확대되어서 밑변의 한 꼭짓점이 다음 삼각형 밑변의 중심과 만나게 되어 있다. 그렇다면 각 삼각형이 바로 앞 삼각형보다 $g = 2\sqrt{3}/3$배로 확대되어 있음을 어렵지 않게 밝힐 수 있다. 우리는 다른 밑각으로 비슷한 구조물을 만들며, $g = \sec\theta$라는 일반 관계식을 내놓을 수도 있다(아, 세상에서 잊힌 지난날의 불쌍한 삼각법 용어들이여. 시컨트, 즉 1/cos은 오래전에 황금기가 지나가 버렸다). 전갈 꼬리와 닮은 스미스슨의 잘생긴 다각 나선은 위 수식으로 계산한 결과에 따라 $k=0.055$인 로그 나선으로 개략적인 형태를 나타낼 수 있다. 스미스슨은 같은 구조를 이용해 〈자이로스태시스$Gyrostasis$〉라는 강철 조각상도 만들었는데, 그 작품은 지금 워싱턴 허시혼미술관에 영구적으로 전시되어 있다.

사실 거의 모든 기하 도형을 그노몬으로 삼아 이런 식으로 이용할 수 있다. 그러면 결국은 연속하는 꼭짓점들이 로그 나선 위에 있는 도형을 얻게 된다. 앞에서 우리는 황금 사각형을 여러 개 연달아 배열해 황금 나선(피보나치 나선)을 만들 수 있다는 사실을 확인했다. 마찬가지 방법으로 세로/가로 비가 √2인 종이를 여러 장 연달아 배열하되, 각 종이의 크기가 바로 앞 종이를 반으로 접은 크기와 같게 해 볼 수 있다(그림 34.3). 이는 일련의 종이 국제 표준 규격, 즉 A0, A1, A2, A3, A4 등에 해당한다. 이런 직사각형들의 대각선은 다각 나선을 이루는데, 그 나선의 꼭짓점들은 $k=0.221$인 로그 나선 위에 있다. 아무래도 같은 모양의 닮은꼴들이 연달아 덧붙는 생장 과정은 모두 로그 나선을 낳는 듯하다. 이것은 로그 나선이 자연계에서 그토록 흔한 이유를 좀 더 근본적으로 설명해 주는 심오한 진리다.

겨우살이$Viscum$ $album$는 얼추 한 평면 안에서 생장한다. 줄기 끝의 생장점들은 각각 일정한 간격을 두고 양분되어 특정 각도로 두 개의 가지가 뻗게 한다(식물학자들은 이를 양축분지兩軸分枝/dichotomous branching라고 부른다). 이 사이클은 개체 전체가 생장하는 가운데 되풀

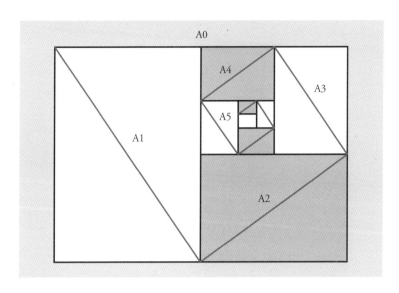

그림 34.3   일련의 종이 국제 표준 규격, 즉 A0, A1, A2 등으로 한 가지 다각 나선을 뚜렷이 나타낼 수 있다.

이된다. 이런 과정의 결과로 겨우살이의 언저리 부분에는 다각 나선형이 나타난다.

그림 34.4에서 마디 간격을 재 보았더니, 등비수열보다 등차수열에 가까운 치수들이 나왔다. 이는 같은 시간 간격을 두고 줄기의 부분별 길이가 각각의 길고 짧음과 상관없이 일정 비율이 아닌 일정 증분만큼씩 늘어난다는 뜻일 것이다. 이로 미루어 보면, 생장은 각 부분의 전체가 아닌 끝부분에서만 일어나는 듯하다. 그 결과는 로그 나선보다 아르키메데스 나선에 가까운 형태다.

이와 비슷한 나선형이 타조, 백조, 용각류 공룡(브라키오사우루스 *Brachiosaurus*와 디플로도쿠스*Diplodocus*처럼 아주 큰 공룡), 수장룡같이 목

그림 34.4   오슬로식물원의 겨우살이. 다각 나선을 점선으로 표시해 놓았다.

이 긴 척추동물의 목에서 나타나기도 하고, 뱀, 공룡, 고양이, 원숭이의 꼬리에서 나타나기도 한다. 척추뼈 하나의 길이는 보통 척추뼈 번호의 1차 함수에 가까운데, 물론 목과 꼬리의 끝부분은 그런 패턴에서 좀 벗어나는 경우가 많다. 매튜 코블리Matthew Cobley 등(2013)이 타조 목의 유연성을 연구하기 위해 측정한 타조 목뼈 치수도 그 일례다. 그런데 가령 각 관절이 쭉 펴진 상태에서부터 최대한 구부러질 수 있는 각도가 10°로 일정하다고 해 보자. 실제로는 그런 최대 굽힘 각이 관절의 위치에 따라 조금씩 다르지만, 여기서는 단순하게 생각해 보자. 결과로 나타나는 다각 나선형, 즉 부분별 길이가 등차수열을 이루고 관절별 각도가 일정한 다각 나선형은 겨우살이에서처럼 아르키메데스 나선에 가까울 것이다.

재미있는 이야기가 숨어 있는 또 다른 다각 나선으로 '테오도로스 나선Spiral of Theodorus'이라는 것이 있다. 널리 알려져 있듯이 피타고라스학파는 2의 제곱근이 무리수라는, 즉 두 정수의 비로 나타낼 수 없는 수라는 사실을 발견했다(그리고 전설에 따르면 큰 충격을 받았다고 한다). 그렇다면 그 밖의 비사각수(비제곱수)들의 제곱근은 어떨까? 플라톤은 《테아이테토스Thaetetus》*(BC 369년경)에서 수학자 테오도로스Theodorus가 1부터 17까지의 비사각수의 제곱근이 무리수임을 증명했다고 말한다. 하지만 실제 증명 과정은 알려 주지 않는다. 플라톤 Plato의 책에 나오는 관련 구절은 다음이 전부다.

여기 계신 테오도로스 선생님은 어떤 도형들을 그려 제곱근에 관해 도해해 주셨습니다. 그러니까 넓이가 3제곱피트이거나 5제곱피트인 정사각형은 변의 길이를 피트 단위로 잴 수 없다는 걸 보여 주셨죠. 그리고 그런 식으로 각각을 차례차례 대상으로 삼아 넓이가 17제곱피트인 정사각형까지 다뤘는데, 거기서 멈추셨습니다.

다른 번역가들은 마지막의 매우 중요한 말을 다르게 제시한다. 예를 들면, 철학자 존 맥다월John McDowell(1973)은 "그 시점에서 어찌

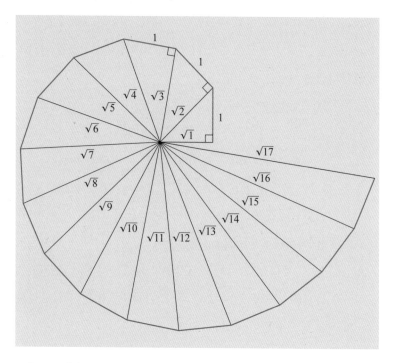

그림 34.5 '테오도로스 나선.'

된 일인지 꼼짝 못 하게 되셨습니다"라는 표현을 쓴다. 야코프 하인리히 안데르후프Jakob Heinrich Anderhub는 1936년까지 나왔던 이 구절의 번역문을 무려 55개나 인용했는데, 이들의 의미는 갈피를 잡기 힘들 정도로 천차만별이었다. 전체적으로 이 문제는 언제나 좀 수수께끼 같았다.

플라톤이 이어서 얘기하는 바에 따르면, 테아이테토스는 젊은 소크라테스라는 동료와 함께 그 증명을 일반화해 임의의 비사각수 N에 적용했다. 그런데 왜 테오도로스는 17에서 멈추었을까? 우리는 짐작도 못 하겠지만, 독일 화학 회사 칼레아게Kalle AG(이게파르벤IG Farben 의 계열사)의 재무이사 안데르후프는 1941년에 길지만 설득력 있는 한 논문에서 기발한 가설을 제시했다. 하지만 그 내용과 위 이야기의 연관성은 매우 모호하다(한번 따져 보시라). 안데르후프의 추측에 따르면, 테오도로스는 처음에 두 직각변 길이가 각각 1이고 빗변 길이가 $\sqrt{2}$인 직각 삼각형을 하나 그렸다. 그리고 그 빗변 위에 또 다른 직각 삼각형을 그렸는데, 나머지 한 직각변의 길이를 전과 같이 단위 길이로 잡아서, 빗변 길이가 $\sqrt{3}$이 되게 했다. 이런 식으로 계속하던 테오도로스는 $N=17$인 부분까지 나선을 이어 그렸으나, 그다음에는 삼각형을 더 그렸다간 도형이 겹쳐질 터였다(그림 34.5). 안데르후프의 가설에 따르면, 이것이 바로 테오도로스가 $N=17$에서 멈춘 이유다. 즉 그가 그 도형을 계속 그렸더라면 ("기술적인 이유로aus zeichentechnischen Gründen") 도형이 보기 흉해지고 말았을 것이라는 이야기다. 안데르후프는 비사각수의 제곱근이 무리수가 된다는 증명이 어떻게 이루어졌을지에 대해선 전혀 이야기하지 않는다. 사실 그는 테오도로스가 이에 대해 증명하진 않고 '도해'하기만 했을지도 모른다고 추측한다.

이런 작도 방식을 테오도로스가 이용했든 말았든, 테오도로스가 실존 인물이었든 아니었든 간에 이것은 흥미로운 나선이다. 수학자 필립 데이비스Philip Davis는 《나선: 테오도로스에서 카오스까지 Spirals: from Theodorus to Chaos》(1993)에서 이 문제에 대한 면밀하고 재미있는 분석을 내놓는다.

35

나선이 쌍을 이루면
재미도 두 배

로그 나선형 껍데기는 그노몬적이다. 즉 그 안의 복족류나 두족류는 그노몬 증분을 끄트머리에 덧붙임으로써 형태 변화 없이 생장할 수 있다. 그런데 로그 나선형 껍데기 하나가 그노몬적이라면, 분명히 그런 껍데기 두 개가 결합된 형태도 그노몬적일 것이다! 이로써 흥미로운 가능성이 열린다. 껍데기 두 개를 경첩 구조로 연결하면 닫힌 공간이 생기는데, 그런 공간은 먹이를 먹기 위해 열었다가 몸을 보호하기 위해 닫았다가 할 수 있다(그림 35.1). 그 전체 구조는 쐐기 모양을 띨 경우 진흙 속으로 파고들 수 있다. 가리비류는 심지어 껍데기를 재빨리 여닫아 헤엄을 치며 요리조리 달아날 수도 있다.

이 교묘한 쌍껍데기 전략은 완족류와 이매패류라는 두 동물군에서 따로따로(아마도) 마련되었다. 완족류는 별개의 문門/phylum을 하나 이루는데, 화석으로는 아주 흔하나 현대의 바다에는 비교적 드물다. 완족류의 껍데기는 평나선형 앵무조개 껍데기 두 개가 연결된 형태와 비슷하지만, 팽창 계수가 훨씬 크다. 그런 구조 때문에 껍데기

216

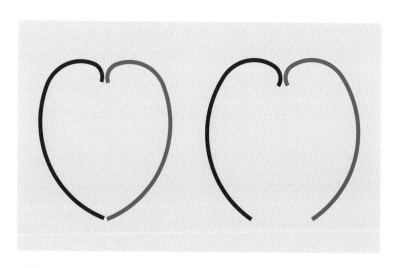

그림 35.1   경첩 구조로 연결된 로그 나선형 두 개가 닫힌 모습과 열린 모습.

그림 35.2   이매패류의 CT 사진. 위 왼쪽: 새조개*Cerastoderma edule*. 뿔나선형이 한쪽으로 휘어 있는 것을 눈여겨보라(라우프 모형에서 T〉0인 경우). 위 오른쪽: 새조개의 세로 방향 단면도. 로그 나선형이 보인다. 아래: 진주담치*Mytilus edulis*의 단면도. 팽창 계수가 매우 크다.

한 쌍은 두 껍데기를 관통하는 가상의 중심 평면 근처를 기준으로 대칭을 이룬다. 반면에 이매패류는 연체동물문에 속하는 한 강綱/class이다(그림 35.2). 이매패류의 껍데기는 뿔나선형 고둥 껍데기 두 개가 연결된 형태에 더 가까워서, 한쪽으로 휜 비대칭적 구조를 이룬다.

대부분의 이매패류와 완족류에서 껍데기 한 쌍은 닫혔을 때 서로 매우 정교하게 이어진다. 껍데기 가장자리에 주름이 있다면, 한쪽 껍데기의 볼록한 주름이 다른 쪽 껍데기의 오목한 주름에 꼭 들어맞을 것이다. '교합occlusion'이라고 부르는 이 현상에 대해 생각하다 보면, 생장 조절에 대한 흥미로운 의문이 하나 떠오른다. 만약 두 껍데기가 각각 독립적으로 생장한다면, 교합이 보장될 정도로 정교하게 생장률을 동기화하기가 힘들 것이다. 아마도 두 껍데기 사이에 일종의 상호 제어·소통 작용이 있어서, 한쪽 껍데기가 다른 쪽 껍데기보다 빨리 자라면, 어떤 메커니즘이 이를 감지해 상대 생장률을 조절하게 될 것이다.

이매패류는 가장 성공적인 해양 동물로 꼽힌다. 이들은 갯바위에 다닥다닥 붙은 굴이나 거대한 대왕조개*Tridacna*처럼 눈에 잘 띄는 경우도 많지만, 대부분은 광대한 진흙투성이 해저 밑의 춥고 어두운 굴속에 숨어 지낸다. 이매패류는 중요하고 흔한 화석으로, 특히 2억 5000만 년 전부터(트라이아스기 이후) 존속해 온 암층에서 다량으로 발견된다. 알려진 것 가운데 가장 큰 이매패류는 백악기 말(약 8500만 년 전) 북아메리카의 플라티케라무스 플라티누스*Platyceramus platinus*인데, 길이가 말 한 마리보다 긴 3m에 이르기도 했다(Kauffman et al., 2007).

고생물학자로서 쥐라기 해양 암층을 연구할 때면 나는 언제나

'나선형의 승리'라 할 만한 것에 매혹된다. 모든 것이 나선형이다. 암모나이트는 로그 나선형이다. 이매패류와 완족류도 로그 나선형이다. 고등류 껍데기, 어류 이빨, 오징어 빨판 갈고리(이에 대해선 나중에 더 얘기하겠다)도 로그 나선형이다. 유공충도 로그 나선형이다. 굴족류와 여러 관벌레도 로그 나선형이다. 여기까지에는 화석 동물상動物相/fauna이 거의 다 포함된다. 빠진 것이라고 해 봐야 특이한 불가사리, 성게, 벨렘나이트belemnite(또 하나의 두족류 화석군), 대형 해양 파충류 정도밖에 없다. 현대의 바다도 별반 다를 바 없다. 해양 생물에 관해서라면 나선형이 사실상 그 밖의 어떤 도형보다도 압도적으로 우세하다. 오직 구球형만이 그에 근접하는 수준일 뿐이다.

36

소용돌이

소용돌이의 가장자리에는 두툼한 띠 모양으로 반짝이는 물보라가 있었으나, 그중 단 한 방울도 그 무시무시한 깔때기 입구로 미끄러져 들어가지 않았다. 깔때기 내부에서는 눈에 보이는 바로는 반질반질 빛나는 새까만 벽과 같은 물이 수평선에서 45도쯤 기운 채 아찔하도록 빠르게 핑글핑글 돌며 흔들흔들 흘러 내려가면서, 비명 같기도 하고 포효 같기도 한 소름 끼치는 소리를 바람에 실어 보냈는데, 장대한 나이아가라 폭포도 자기가 괴롭다고 하늘을 향해 그런 소리를 지르지는 않을 것이다.

산이 밑뿌리까지 진동했고, 바위도 요동했다. 나는 땅바닥에 엎드려, 너무 초조하고 불안했던 나머지 얼마 있지도 않은 풀을 꽉 움켜쥐었다.

나는 한참 있다가 노인에게 말했다. "이게, 이게 바로 그 마엘스트룀Maelström이라는 거대한 소용돌이인가 보군요."

— 에드거 앨런 포Edgar Allan Poe,

《큰 소용돌이에 휘말리다A descent into the Maelström》(1841)

그림 36.1   토성 북극의 나선형 소용돌이. 폭이 2000km 정도 된다.

노르웨이 앞바다의 마엘스트롬Maelstrom 혹은 모스크스트라우멘 Mokstraumen이라는 큰 소용돌이가 정말 인상적인 현상이긴 하지만, 포가 시적 자유를 지나치게 사용했다는 점은 인정해야겠다. 그래도 토네이도와 허리케인 같은 형태의 소용돌이는 대단히 강렬하고 장엄한 자연 현상이다(그림 36.1).

소용돌이는 어떻게 만들어질까? 우리 눈에 익은 욕조 배수구 소용돌이가 전형적인 예다. 마개를 뽑기 전에도 물 덩어리는 미세하게라도 다소 복잡하게 움직이고 있기 마련이다. 그러므로 속도 벡터장에는 언제나 회전 성분이 우연히 포함되어 있을 수밖에 없다. 배수구가 열리면, 물은 거기로 빨려 들어가면서 속도에 구심 가속도가 붙게 된다. 이제 '각운동량 보존의 법칙'이 작용하기 시작한다(이런 이야기를 할 때

교과서에서는 늘 피루엣pirouette 동작을 하는 피겨 스케이팅 선수가 팔을 오므려 회전 속도를 엄청나게 올리는 상황을 상기시킨다). 그 작은 원형 흐름이 증폭될 무렵에는 소용돌이 하나가 이미 형성되어 있을 것이다.

소용돌이의 흐름이 이렇게 증폭되는 원리는 남아메리카와 남아프리카의 적도 지방을 찾는 관광객들에게 보여 주는 어떤 멋진 구경거리의 근거이기도 하다. 양동이 아래의 구멍으로 물이 빠지고 있고 수면 위에는 성냥개비가 하나 띄워져 있다. 적도 이남에서는 성냥개비가 시계 방향으로 회전하고, 적도 이북에서는 성냥개비가 시계 반대 방향으로 회전한다. 이것은 저압부 근처의 풍향과 대양의 소용돌이 해류에 작용하는 코리올리 효과에 대한 재미있는 실연 설명이다. 하지만 안타깝게도 이것은 악의 없는 속임수다. 코리올리 효과는 아주 큰 규모에서만 작용하므로, 양동이 안에서는 절대로 작용할 수가 없다. 분명 실연자는 마개를 뽑기 전에 물을 원하는 방향으로 미세하게 회전시킬 것이다. 아마 양동이를 채울 때 그러거나, 손가락을 살짝 담가서 그러거나 할 것이다. 소용돌이가 발달해 감에 따라 그 회전이 점차 빨라질 테니 성공은 따 놓은 당상이다.

소용돌이 속의 입자들은 모두 나선을 그리며 움직인다. 그것은 어떤 나선일까? 우리가 이 책에서 몇 번 해 왔듯이, 가정을 단순하게 세워 보자. 첫째, 수평면상의 움직임만 분석하기로 하자. 둘째, 배수구 쪽으로 끌려가는 입자가 비압축성 퍼텐셜 흐름incompressible potential flow의 법칙을 따른다고 치자. 이는 유체 역학의 한 단순화된 방법론으로, 흐름이 이른바 '비회전성irrotationality'을 띤다는 가정을 바탕으로 한다. 이 말은 곧 속도가 '속도 퍼텐셜'이란 스칼라 함수의 기울기라는 뜻인데, 속도 퍼텐셜은 라플라스 방정식이라는 꽤 단순한 편미분 방정식의 해에 해당한다. 게다가 간단한 유도 과정으로 우리는 속도 퍼텐셜에서 '흐름 함수'와 '유선流線/streamline'도 얻을 수 있다(유선은 등퍼텐셜선에 수직이다). 속도는 방향이 그런 유선의 접선 방향과 일치한다.

속도 퍼텐셜과 흐름 함수는 선형적으로 결합할 수 있으므로, 우리는 흐름장을, 유동량이 Q인 단순한 흡입 흐름과, 순환이 Γ인 단순한 원형 흐름(즉 반지름 방향 속도가 0이다)으로 분해할 수 있다. 그렇다면 극좌표 (r, θ)에서의 흐름 함수는 다음과 같을 것이다(Guyon et al., 2001).

$$\Psi = \Psi_{흡입} + \Psi_{원형} = -\frac{Q\theta}{2\pi} - \frac{\Gamma}{2\pi}\ln\frac{r}{r_0}$$

여기서 r_0은 임의 상수다. 특정 유선을 선택하려면, Ψ를 상수로 두면 된다. 그런 다음에 위 식을 r에 대해 풀면 다음을 얻을 수 있다.

$$r = ke^{-Q\theta/\Gamma}$$

여기서 k는 유선에 따라 값이 달라지는 수다. 해당 입자는 로그 나선을 그리며 움직인다! 팽창 계수는 Q/Γ인데, 이는 물이 배수구로 전혀 빠지지 않으면(Q=0이면) 입자들이 원을 그리며 움직이게 된다는 뜻이다.

물론 실제 소용돌이에서는 셋째 차원인 깊이를 비롯한 여러 다른

그림 36.2　스웨덴의 성직자이자 작가면서 지도 제작에도 뛰어났던 올라우스 망누스가 만든 〈카르타 마리나〉(1539)의 세부. 노르웨이 앞바다의 마엘스트롬이 나타나 있다.

측면도 고려해야 할 테니, 로그 나선의 모양이 조금 달라질 것이다. 그래도 자연계의 허리케인은 대체로 로그 나선에 가까운 모양을 띠는 경우가 많다.

　마엘스트롬 이야기는 아직 끝나지 않았다. 올라우스 망누스Olaus Magnus가 만든 아주 멋진 스칸디나비아반도 지도 〈카르타 마리나 Carta Marina〉(1539)에는 끔찍한 바다 괴물이 많이 그려져 있는데, 이들은 서로를 잡아먹기도 하고, 해변에서 너무 멀리 나온 불운하고 용감한 뱃사람들을 집어삼키기도 한다. 그 지도에 마엘스트롬은 이런 불길한 문구로 표시되어 있다. "Hecest horrenda Caribdis"(여기에 무시무시한 카리브디스가 있습니다)(그림 36.2).

그리스 신화에서 스킬라와 카리브디스는 어느 좁은 해협의 양쪽을 각각 지키는 두 바다 괴물이다. 우리는 그들을 영화 〈아르고 황금대탐험*Jason And The Argonauts*〉(1963)이나 호메로스의 《오디세이*Odyssey*》 등에서 만날 수 있다. 카리브디스는 식욕이 너무 강해 바닷물을 잔뜩 들이켜다 보니 무서운 소용돌이를 만들게 되는 불쌍한 괴물이다.

> 오디세우스여, 또 다른 절벽이 그보다 낮게 솟아 있는 게 보일 거예요. 사실 두 절벽은 워낙 가까워서 그 사이 거리가 화살이 닿을 정도밖에 되지 않아요. 그 절벽 위에는 키도 크고 잎도 무성한 무화과나무 한 그루가 자라고 있고, 아래에서는 카리브디스가 물을 빨아들여 소용돌이를 일으키고 있답니다. 그녀는 시커먼 물을 하루에 세 번씩 뿜어내고 또 세 번씩 빨아들이지요. 그녀가 물을 빨아들일 때는 절대 거기 가시면 안 됩니다. 포세이돈조차 그대를 구해 주지 못할 테니까요.
>
> —《오디세이》 제12권

분명히 호메로스는 해양학에 조예가 깊진 않았을 것이다. 조수의 영향을 받는 카리브디스는 물을 하루에 세 번씩이 아니라 두 번씩 빨아들이고 뿜어내기 마련인 것을!

부서지는 파도 모양을 낳는 켈빈-헬름홀츠 불안정

아마도 밀도가 서로 다를 두 가지 액체나 기체가 상대 운동을 하고

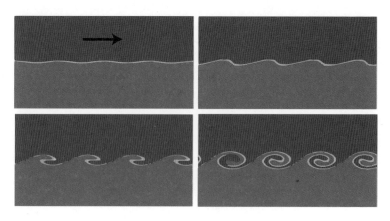

그림 36.3 　켈빈-헬름홀츠 불안정의 네 진행 단계. 이런 소용돌이 모양들은 나중에 부서져서 난류를 이룰 것이다. 두 액체 간의 대칭성을 눈여겨보라.

있으며, 뚜렷한 수평 경계면으로 분리되어 있다고 생각해 보자(그림 36.3). 그런 경계면에 불규칙한 부분이 조금이라도 있다면(있기 마련이다), 그 부분은 시간이 지남에 따라 증폭될 것이다. 아래층 액체의 작은 돌출부는 모두 이동 중인 위층 액체에 밀려 올라가 흐름 방향을 따라 끌려갈 것이다. 그와 동시에 각 마루 뒤에서는 역소용돌이가 생겨나 액체를 반대 방향으로 이동시킬 것이다. 그 결과는 간격이 규칙적인 일련의 아름다운 나선형 파도 모양인데, 이들은 고전적인 '덩굴' 무늬나 그리스 뇌문과 닮았다(그림 36.4).

　시간이 지나면 그런 파도 모양은 크기가 커지다가 결국은 부서져서 난류를 이루게 된다. '켈빈-헬름홀츠 불안정Kelvin-Helmholtz Instability'으로 알려져 있는 이런 과정은 몇몇 극적인 자연 현상을 일으키는데, 그 대표적인 예는 아름다운 켈빈-헬름홀츠 구름이다(그림

그림 36.4   1150년경 노르웨이에서 만든 발디숄 고블랭직Baldishol gobelin에 나타난 덩굴 무늬.

36.5). 그런 구름은 꽤 흔한 편이지만, 보통은 온전한 모양새를 갖추지 못한다. 아주 가끔 완벽하되 일시적인 켈빈 - 헬름홀츠 구름이 꼬리에 꼬리를 물고 하늘에 홀연히 나타나, 마치 거친 공기 바다에서 부서지는 거대한 파도와 같이 태양 함선에 어울리는 무대 장치가 되기도 한다. 몇 분 후에, 기상 사진작가들이 탐내는 그 피사체들은 흩어져서 무정형이 되어 버린다. 바다에서 부서지는 파도는 이와 관련된 불안정성에 기인하긴 하지만, 거기서는 중력도 중요한 역할을 한다.

그림 36.5   왼쪽: 미국 콜로라도주 볼더 상공의 기막힌 켈빈 - 헬름홀츠 구름. 오른쪽: 노르웨이 미에사호 상공의 좀 더 평범한 켈빈 - 헬름홀츠 구름 형성 과정. 이런 소용돌이 모양들은 잠시 후에 사라져 버렸다.

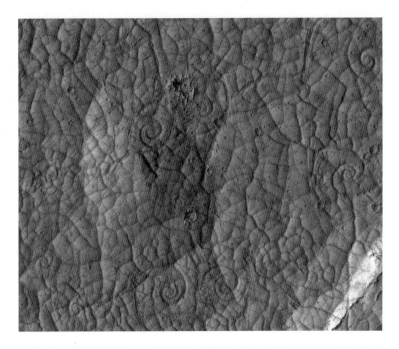

그림 36.6　　화성 애서배스카 지역의 용암 소용돌이. 화성 정찰 위성(HIRISE)이 찍은 이 사진에 나타난 부분은 폭이 300m 정도 된다.

어떤 정말 멋진 나선형들이 최근에 화성 사진에서 나타났다. 우주 물리학자 앤드루 리안Andrew Ryan과 필립 크리스텐슨Philip Christensen (2012)은 화성 적도 부근의 애서배스카 지역에서 폭이 5~30m에 이르는 단일 나선형 및 쌍나선형을 269개 식별했다(그림 36.6). 그 지역은 충돌구impact crater의 밀도가 낮은 점으로 미루어 보면 2억 년이 채 안 된 꽤 젊은 응고 상태의 용암류로 뒤덮여 있는 듯하다.

화성의 그 나선형들은 매우 기묘해 보이지만, 지구에서도 그와 비슷한 것이 관찰되어 왔는데 보통 '용암 소용돌이lava coil'라고 불린다.

리안과 크리스텐슨의 설명에 따르면, 그런 소용돌이가 형성되는 것은 지하에서 속력이 다른 용암류들이 서로 맞닿아 전단대shear zone와 켈빈-헬름홀츠 불안정을 발생시킬 때다. 그런 상황은 위에 가로놓인 채 굳어 가는 용암을 회전시켜 나선 모양의 균열을 낳는다. 달리 생각해 보면, 그런 나선 모양은 캄 통 렁Kam Tong Leung 등(2001)이 연구한 화학 침전물 박판의 건조 과정에서 나타나는 것과 비슷한 방식으로 형성되는지도 모른다. 그런 박판은 자잘한 조각이 기질로부터 떨어지는데, 이런 탈착 현상은 가장자리에서부터 진행된다. 그 결과로 발생하는 방사 방향의 인장력은 접선 방향의 균열을 낳는다. 그런 균열은 탈착 현상과 함께 안쪽으로 진행되면서 나선 모양을 만들어 낸다.

다 빈치의 소용돌이

레오나르도 다 빈치는 흐르는 물의 소용돌이에 대해 많이 알고 있었다. 상상해 보라, 그가 흐르는 물에 나무 막대를 집어넣어 이른바 카르만 소용돌이를 일으키며 역대 최고로 예리한 눈과 영리한 머리로 그 현상을 관찰하는 모습을. 나선형 소용돌이에 관한 그의 여러 스케치 가운데 일부는 정확한 학술 묘사화이지만, 말년의 〈대홍수〉 연작은 격정적이며 혼란스럽다. 다 빈치는 나선형을 종류와 상관없이 매우 좋아했다. 그래서 그 도형은 식물, 사람 머리털(그는 이를 물의 움직임과 비교했다), 옷, 기계 장치에 대한 그의 그림에서는 물론이고 그의 글에서도 매우 자주 나타난다(그림 36.7).

나선과 소용돌이에 대한 다 빈치의 분류 체계는 좀 특이하다. 그 첫 번째 유형은 '평level'나선, 즉 평면 나선이다. 두 번째 유형은 '볼

그림 36.7　레오나르도 다 빈치 작품 속의 나선형들. 위 왼쪽: 〈낙수 습작〉. 위 오른쪽: 〈투구를 쓴 전사〉. 아래 왼쪽: 〈레다 머리 습작〉. 레아 공주 아닌가? 아래 오른쪽: 〈대홍수〉.

록' 나선, 즉 뾰족한 부분이 위로 향하는 입체 나선(뿔나선)이다. 반대로 욕조 소용돌이에서처럼 뾰족한 끝부분이 아래로 향하는 '오목' 나선도 있다. 마지막으로 '원통' 나선은 단순한 입체 나선이다.

37

진흙 속의 보물

바다 밑바닥에서 진흙을 한 컵 채취해 보라. 그냥 사는 곳 근처의 해변에서 채취하면 된다. 그 진흙을 구멍 지름이 0.1mm쯤 되는 고운체로 썻어라(물을 많이 사용하라). 그리고 모래질의 잔류물을 입체 현미경으로 살펴보라. 그 입자들 중 일부는 광물 알갱이일 테지만, 대부분은 생물체의 절묘한 건축 작품, 즉 유공충 껍데기일 것이다(그림 37.1).

이들은 아메바 같은 단세포 생물로 방이 여러 칸 딸린 정교한 집을 짓는데, 그런 집들은 유리처럼 투명하기도 하고 도자기처럼 하얗기도 하고 가죽처럼 가무스름하기도 하고 설탕처럼 오돌토돌하기도 하다. 섬세하고 화려한 병, 길쭉한 유리 바늘, 진주 목걸이, 연등, 가지를 내뻗은 나무, 못생긴 혹 등등 수천 종species의 다양한 형태는 참으로 놀랍지만, 그 무엇보다도 흔한 모양은 나선형이다. 그중 일부는 거의 완벽한 로그 나선형이고(플라노스테지나*Planostegina* 등), 일부는 아르키메데스 나선에 더 가까운데(플라니스피릴리나*Planispirillina* 등), 상당

그림 37.1　　몇 가지 나선형 유공충. 대부분 길이가 1mm 미만이다. 윗줄: 로탈리노이데스 가이마르디*Rotalinoides gaimardi*, 불리미나 마르지나타*Bulimina marginata*, 히알리네아 발티카*Hyalinea baltica*, 엘피디움 마첼룸*Elphidium macellum*, 글로비제리넬라 시포니페라 *Globigerinella siphonifera*. 아랫줄: 라이비페네로플리스 프로테우스*Laevipeneroplis proteus*, 플라노스테지나 코스타타*Planostegina costata*(아주 큰 편이다. 길이가 3mm쯤 된다), 플라니스피릴리나 투베르쿨라톨림바타*Planispirillina tuberculatolimbata*, 스피롤로쿨리나 엑스카바타 *Spiroloculina excavata*, 칸데이나 니티다*Candeina nitida*.

수는 복잡한 뿔나선형이다(로탈리노이데스*Rotalinoides* 등). 수학적 정밀도에 관해서라면 이들은 암모나이트나 고둥에 맞먹는 수준이다. 이렇게 멋들어진 껍데기를 그다지 지혜롭지 않은 점액질의 단세포가 어떻게 만들어 내는지를 이해하기란 쉽지 않다.

　　유공충 껍데기는 방이 연달아 추가됨에 따라 생장한다. 나선형 껍데기에서는 그런 방들이 그노몬에 가까워서 앵무조개나 암모나이트에서처럼 껍데기가 생장하는 동안 전반적으로 자기 유사성을 띠게 된다. 글로비제리넬라*Globigerinella* 같은 부유성 종들 가운데 상당수의 방은 모양이 구형에 가깝고, 크기가 지수적으로 증가하며, 각도 증분이 거의 일정하다.

　　고생물학자들은 유공충을 대단히 좋아한다. 유공충은 아주 흔한 화석으로, 거의 모든 해양 퇴적암 조각에서 발견된다(매우 오래된 암석은 예외다). 현대의 석유 · 가스 생산 과정에서는 보통 유정 · 가스정을 만들 때 유층 · 가스층을 따라 수평 방향으로 구멍을 뚫는다. 굴착 시설에서는 고생물학자가 올라오는 유공충들을 살펴보느라 바쁘다. 드릴 날이 위나 아래로 너무 많이 이동하면 100만 년쯤 더 젊거나 늙은 암층을 파게 되어 미화석微化石/microfossil의 종류가 달라지므로 시추 방향이 조정된다. 이는 생조향生操向/biosteering이라고 불리는데, 말하자면 진화의 산물에서 방향을 읽어 내는 방법인 셈이다.

38

아원자 입자들이
휘갈겨 그린 선

영국의 물리학자 찰스 톰슨 리스 윌슨Charles Thomson Rees Wilson
(1869~1959)은 구름을 좋아했고, 구름을 실험실에서 만드는
일도 좋아했다. 윌슨의 연구는 스코틀랜드의 기상학자 존 에이킨John
Aitken이 1880년대에 수행했던 특이한 실험을 기반으로 했다. 에이킨
은 수증기를 병에 주입했다. 그 병에 여과된 공기가 들어 있으면, 별
일이 일어나지 않았다. 하지만 공기가 여과되어 있지 않으면, 수증기
가 공기 중의 입자에 붙어 응축되며 안개를 이루었다. 에이킨은 '구
름 핵생성cloud nucleation'을 발견한 것이었는데, 그 현상은 현대의 기
후 연구에서 많이들 논의하는 주제다. 그는 심지어 수증기가 들어 있
는 공간의 부피를 피스톤으로 팽창시켜 더 멋진 구름을 만들어 내기
도 했다. 그런 팽창으로 기체의 밀도가 줄어들면 온도가 떨어지면서
수증기가 응축되었다.

윌슨은 햇빛이 구름에 미치는 영향을 실험실에서 연구하고자 했
다. 그는 일단 에이킨의 실험을 따라 했으나, 좀 더 주도면밀한 면을

보였다. 그는 부피를 특정 속도로 증가시키면 완전히 깨끗한 공기에서도 안개가 생긴다는 사실을 알아차렸다. 이를 요행으로 일축하지 않은 월슨에게는 뜻밖의 무엇을 발견해 내는 귀한 재능이 있었다. 그는 그런 핵생성 현상이 공기 중의 하전 입자 때문에 일어날지도 모른다고 추측했다. 그래서 우선 X선과 방사성 물질로 실험을 해 보았더니, 핵생성이 급격히 증가했다. 1910년에 그는 하전 입자들이 실험용 상자를 가로질러 날아가며 안개 형태로 남기는 궤적을 용케 사진에 담아냈다. 월슨은 그냥 병 안에 구름을 만들려고 했을 뿐이었으나, 어쩌다 보니 '안개 상자cloud chamber,' 즉 아원자 입자들의 개별적 궤적을 연구하는 수단을 발명하게 된 것이었다. 어째 노벨 물리학상 냄새가 솔솔 났는데, 결국 그는 1927년에 받게 되었다.

그보다 좀 더 발전된 장치 중 하나는 1952년에 미국의 물리학자 도널드 A. 글레이저Donald A. Glaser가 발명한 '거품 상자bubble chamber'였다. 어떻게 보면 거품 상자는 안개 상자와 반대된다. 거품 상자에서는 증기가 냉각되지 않고, 아원자 입자들이 어떤 과열 액체를 기화시킨다. 거품 상자는 안개 상자가 검출 가능한 입자보다 에너지가 더 높은 입자들을 검출할 수 있어서, 1950년대부터 1970년대까지 고에너지 물리학의 주요 검출 장치로 쓰였다. 요즘은 거품 상자가 대부분 유럽입자물리연구소(CERN)에 있는 대형 강입자 충돌기(LHC: Large Hadron Collider)의 ALICE(A Large Ion Collider Experiment)와 CMS(Compact Muon Solenoid) 같은 거대하고 아주 복잡한 전자식 입자 검출기로 대체되었다.

거품 상자는 신형 전자식 검출기와 마찬가지로 보통 강한 자기장

안에 위치시킨다. 하전 입자들은 그런 자기장의 영향으로 비행 방향
이 달라질 때 다음과 같은 로런츠의 법칙을 따른다.

$$F = qv \times B$$

여기서 F는 입자가 받는 힘 벡터이고, q는 입자의 전하량이고, v
는 입자의 속도 벡터이고, B는 자기장 벡터다. 수많은 전자가 어떤 도
선을 따라 흐르게 하고 그 도선을 자기장 안에 두면 도선은 힘을 얼마
간 받게 되는데, 이는 바로 전동기를 만드는 방법에 해당한다. 이 관
계식에서 재미있고 묘한 부분은 작은 ×, 즉 '벡터곱(벡터적)' 연산 기
호다. 벡터곱의 크기는 입력 벡터들의 크기와 그들 간의 각도에 따라
결정되고, 벡터곱의 방향은 오른손 법칙에 따라 정해진다. 오른손에
서 집게손가락으로 첫째 벡터의 방향을 가리킨 다음, 그 손가락을 구
부려 둘째 벡터의 방향을 가리켜 보라(아마 손목을 꺾어야 할 것이다.) 그
러면 엄지손가락은 두 입력 벡터에 수직인 벡터곱의 방향을 가리키고
있을 것이다.■ 힘 벡터가 이와 비슷한 왼손 법칙을 따르지 않고 이 오
른손 법칙을 따른다는 사실은 우주의 근본적인 비대칭성을 반영한다.

이제 거품 상자를 2차원적으로 생각해 보자. 가령 우리가 그 상
자를 위에서 내려다보며, 자기력선이 아래쪽을 향하도록 자기장을 걸
고, 양전자를 왼쪽에서 쏘아 넣는다고 해 보자(그림 38.1). 로런츠 법칙

■ 결국 같은 이야기지만, 보통은 (플레밍의) 오른손 법칙을 이런 식으로 설명한다. 오른손의
엄지, 검지, 중지를 서로서로 직각이 되게 뻗어 검지로 자기장(B) 방향을 가리키고 이 자기장
속에서 엄지 방향으로 도선(I)을 움직이면 도선에는 중지 방향으로 전류(F)가 흐르게 된다.

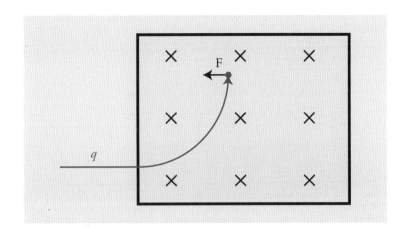

그림 38.1   양전하를 q만큼 띤 양전자(빨간색 경로)가 자기장이 종이에 수직인 방향으로 걸린(가위표) 거품 상자(직사각형)에 들어간다. 그 결과로 발생하는 로런츠 힘 F는 양전자를 왼쪽으로 편향시켜 그 입자가 원형 경로에 진입하게 한다.

에 따라 양전자는 자신을 왼쪽으로 편향시키는 힘을 받을 것이다. 그 입자는 계속 왼쪽으로 돌며 시계 반대 방향의 원형 경로를 따라갈 텐데, 그 경로에서 힘은 늘 원의 중심을 향해 작용할 것이다. 반면에 음전하를 띤 전자는 오른쪽으로 편향되어 시계 방향의 원형 경로에 진입할 것이다. F＝ma(뉴턴의 운동 제2법칙)이므로 그런 원의 반지름은 입자의 속도에 따라서는 물론이고 질량에 따라서도 결정될 것이다.

그런 입자는 원형 경로를 따라 이동하면서 이른바 '제동 복사 bremsstrahlung'■ 때문에도 에너지를 잃고 그보다 정도는 덜하겠지만 거

■ 전자기 이론에 따르면 가속이나 감속되는 전자는 전자기파를 발생시킨다. 빠르게 움직이던 전자가 금속 등에 부딪쳐 갑자기 멈추면 감속이 있다. 이처럼 빠르게 움직이던 전자가 멈출 때 발생하는 복사가 제동 복사다.

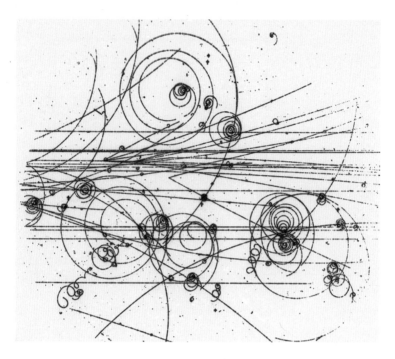

그림 38.2   1960년 CERN에서 수행한 이 거품 상자 실험에서는 음전하를 띤 파이온 pion(파이 중간자)이 왼쪽에서 발사되어 상자로 들어가 유체 속의 양성자와 상호 작용을 한 결과로 갖가지 입자들이 만들어져 사방으로 흩어졌다.

품상자 안 유체와의 상호 작용 때문에도 에너지를 잃을 것이다. 그래서 원의 반지름이 줄어들면 결과적으로 섬세한 나선형이 나타나게 된다(그림 38.2).

39

발톱과 이빨이
피로 붉게 물든 자연

독수리나 사자나 공룡 데이노니쿠스*Deinonychus*('무서운 발톱'
이라는 뜻)의 위협적인 발톱은 모두 완벽에 가까운 로그 나선
모양이다. 사실 이는 오징어의 빨판 갈고리, 검치호랑이의 이빨을 비
롯해 포식 동물들이 사용하는 거의 모든 날카롭고 뾰족한 공격 무기
에 해당되는 이야기다(그림 39.1).

연체동물 껍데기의 경우에서와 마찬가지로 이런 현상은 기능이
나 발달과 관련하여 설명해 볼 수 있다. 먼저 기능 면에서, 로그 나선
형 발톱의 이점으로는 무엇이 있을까?

한 가지 아주 흥미로운 답을 클라우스 마테크Claus Mattheck와 S.
로이스S. Reuss(1991)가 내놓았다. 그들은 외력의 작용을 받는 물체 내
에 생기는 내력, 즉 변형력에 관한 한 로그 나선이 최적의 발톱 모양
이라고 추정했다. 그런 발톱에는 변형력이 완전히 고르게 분포하므
로, 다른 부분보다 더 부러지기 쉬운 부분이 존재하지 않는다.

또 다른 이점은 등각성에서 비롯한다. 발톱이 사냥감을 뚫고 들어

그림 39.1   공룡 오비랍토르*Oviraptor*의 발톱. 길이가 15cm 정도 된다. 사우스다코타주의 백악기 말 지층에서 발견되었다. 나선의 극점이 뾰족한 끝 부근(원위)에 위치한다.

갈 때는 접촉각이 일정하게 유지되어야 마땅할 텐데, 그 이유 중 하나는 그래야만 몸의 흔들림에 따르는 횡력이 최소화되기 때문이다. 이런 제약하에서는 오로지 로그 나선만이 발톱이 사냥감을 파고드는 동안 특정 점(나선 중심)에서 접촉점으로의 방향을 일정하게 유지시킬 것이다. 그런 방향이 유지되면, 발톱에 작용하는 힘 벡터의 방향도 자연히 유지된다. 물론 곧게 뻗은 발톱이나 이빨도 이와 같은 속성을 띠지만, 그런 모양은 로그 나선의 특수한 경우, 즉 나선의 팽창 계수가 무한대인 경우에 불과하다. 그에 반해 원 모양을 사용하는 경우에는 힘의 방향을 계속 바꿔야 할 테니 훨씬 복잡한 공격 기술이 필요할 것이다. 이런 주장은 사람이 만든 찌르는 무기에도 해당되겠지만, 장검이나 단검에서 로그 나선형이 확실히 나타난 예는 아직 찾지 못했다. 아라비아의 '잠비야jambiya'라는 단검 중 몇몇 유형이 그나마 좀 비슷한 듯하다.

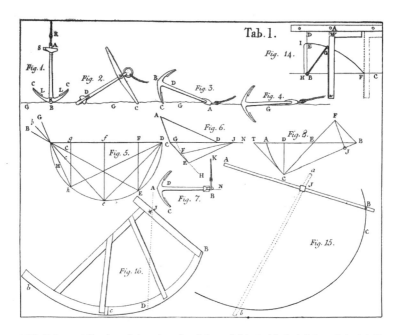

그림 39.2　프레드리크 헨리크 아프 샤프만의 1796년 논문 〈닻의 적절한 모양에 대하여〉에 실린 도해. 3, 4번 그림은 닻채 끝부분(A)이 오른쪽 수평 방향으로 끌려감에 따라 닻이 바닥을 파고드는 모습을 보여 준다.

　　재미있는 유사점을 어떤 구식 닻의 구조에서 찾아볼 수 있다. 그 닻에서는 닻채라는 길쭉한 자루 끝에서 닻팔 두 개가 양쪽으로 비스듬히 뻗어 있고 각 닻팔의 끝이 넓적해져 닻혀를 이룬다. 닻채의 다른 쪽 끝부분이 해저에 놓인 채 배에 천천히 끌려가면, 한쪽 닻팔이 바닥을 파고든다. 이에 관한 이론은 바로 스웨덴의 뛰어난 조선가造船家이자 해군 중장인 프레드리크 헨리크 아프 샤프만Fredrik Henrik af Chapman이 1796년에 고안해 냈다(그림 39.2). 스웨덴 왕립과학원에 제출한 〈닻의 적절한 모양에 대하여〉라는 논문에서 그는 바닥을 파는 수직력과 진흙을 가르며 나아가지 않고 버티는 수평력의 합을 최대화하려면 해저(작용력의 방향)와 닻팔 사이의 각도를 67.5°로 해야 한다고 추산했다. 닻채 끝부분이 수평으로 이동하는 가운데 닻팔이 바닥을 파고드는 동안 그런 접촉각을 일정하게 유지하려면, 닻팔을 로그 나선 모양으로 만드는 수밖에 없다. 샤프만이 고안한 닻의 팽창 계수는 $\sqrt{2} - 1$이다.

동물의 발톱은 대부분 나선 중심이 먼 쪽(뾰족한 끝 부근)에 위치해서, 나선이 거기서부터 발톱 뿌리 쪽(기부基部)으로 뻗어 있다. 이런 종류의 나선 모양에 적합한 동작은 끌어당기는 힘을 쓰는 것, 즉 발톱 끝이 뒤로 향하도록 해서 사냥감의 측면을 공격하는 것이다. 그렇게 하면 사냥감이 포식자에게서 달아나려고 힘을 써 봐야 발톱이 몸을 더 깊이 파고들게 될 뿐이다. 이런 원리는 샤프만의 닻의 원리와 매우 비슷하다.

몇몇 동물의 발톱은 반대 방향을 향하고 있어서, 곡률이 가장 큰 로그 나선 중심부가 발톱 뿌리 쪽에 위치한다. 인상적인 일례는 오징어와 비슷한 중생대 두족류 벨렘노이드belemnoid의 빨판 갈고리다. 그 갈고리들은 대부분 작고 수가 많지만, 몇몇은 거대하며(그림 39.3) 쌍을 지어 나타난다. 그런 '초대형 갈고리'는 수컷의 것이라고 여겨진다. 그런 갈고리는 미는 동작으로, 즉 뾰족한 끝을 공격 대상에 찔러 넣는 식으로 사용하는 편이 더 효율적일 것이다. 이는 갈고리 끝이 뒤쪽을 향하지 않고 벨렘노이드 몸통에서 멀어지는 쪽을 향하고 있다는 사실로 뒷받침된다(Hammer et al., 2013).

이와 관련된 소름 끼치는 문제 중 하나는 절삭 공구의 회전 날이

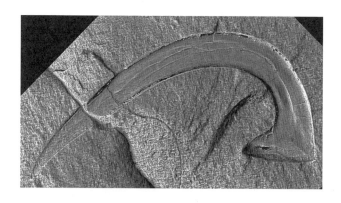

그림 39.3　노르웨이령 스피츠베르겐섬의 쥐라기 지층에서 나온 길이 4cm의 두족류 빨판 갈고리. 나선 극점이 기부 부근(근위)에 위치한다. 오슬로대학교 자연사박물관에 소장되어 있다.

나 사브르같이 베는 무기의 최적의 모양이 무엇인가 하는 것이다. 만약 칼이 로그 나선 모양이고 나선 중심이 회전축과 겹치면, 날이 일정한 절단 각으로 해당 대상을 자르게 될 텐데, 이런 절단 방식을 취하면 최상의 성과를 얻을 수 있다.

　발달 면에서 보면, 로그 나선 모양의 발톱이나 이빨은 매우 만들기 쉬운 편이다. 그 구조의 기부에서 한쪽과 반대쪽의 생장률이 다르기만 하면 되기 때문이다. 실은 대체로 발톱의 바깥쪽 부분만 로그 나선형이다. 안쪽의 기부는 그 구조를 재흡수하고 개조할 수 있는 조직에 뿌리박혀 있어서 좀 더 복잡한 방식으로 생장하기도 한다.

40

커피, 케플러, 범죄

커피를 저은 다음, 그 유체에서 흔들림이 잦아들고 제법 안정적인 회전 상태가 나타나도록 내버려 두라. 그리고 우유를 조금 따라 넣어 중심에서 잔 가장자리 쪽으로 곧게 이어진 띠 모양을 만들어 보라(실제로는 매우 하기 어렵다. 내가 직접 해 봤다!). 그런데 만약 각속도(회전 속도)가 어느 부분에서나 같다면, 그 띠 모양은 변형되지 않고 마치 시계의 분침 같은 고체인 양 회전하기만 할 것이다. 그런 상태의 커피는 '스핀업spin up'되었다고 한다. 그런데 커피가 스핀다운 spin down되어 각속도가 전반적으로 줄어들면, 잔 가장자리 근처 부분이 마찰력 때문에 안쪽보다 천천히 돌게 될 것이다. 그러면 우유 띠는 바깥쪽이 안쪽보다 뒤처지면서 나선 모양으로 변형될 것이다. 아마 커피에서 비슷한 나선형을 본 적이 있을 것이다.

그렇다면 라디안/초 단위의 각속도가 반지름 r의 어떤 함수라고 해 보자.

$$\frac{d\Phi}{dt} = f(r)$$

이를 시간에 대해 적분하면, 시간이 T만큼 경과했을 때 우유 띠가 이동한 각거리가 분명 다음과 같으리라는 점을 알 수 있다.

$$\Phi(r,T) = Tf(r)$$

이 식을 r에 대해 풀면, 해당 나선의 방정식을 다음과 같이 적을 수 있다.

$$r = f^{-1}\left(\frac{\Phi}{T}\right)$$

하지만 커피의 속도 분포 함수 $f(r)$이 무엇인지는 분명하지 않다. 그 함수를 어떻게 찾아야 할지 막막하니, 일단 반지름이 긴 부분일수록 속도가 빠른 로그형 속도 분포 함수를 시험 삼아 써 보자.

$$f(r) = \ln r, \; r > 0$$

이 함수의 역함수를 구해 앞의 식에 대입하면, 우유 띠 모양을 다음과 같은 관계식으로 얻을 수 있다.

$$r = e^{\frac{1}{T}\Phi}$$

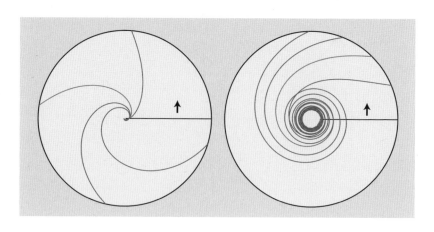

그림 40.1   왼쪽: 처음의 '직선'(검은색)이, 각속도가 반지름의 로그 함수인 유체의 회전
운동 때문에 움직인다. 이 선은 곧 로그 나선 모양으로 변형되는데, 그 나선은 팽창 계수가
점차 감소한다. 오른쪽: 케플러의 제3법칙에 따라 반지름이 긴 부분일수록 각속도가 느리다.

이 로그 나선은 팽창 계수가 T값이 작은 경우엔 크지만 시간의 흐
름에 따라 감소하므로, 갈수록 점점 더 촘촘히 감기게 된다(그림 40.1).
이와 비슷하게 선형 속도 분포 함수, 즉 $f(r) = r$을 사용하면, 인접부들
의 간격이 시간의 흐름에 따라 좁아지는 아르키메데스 나선 $r = \Phi/T$
가 나온다.

우리는 커피를 통해 배운 것을 천체 물리학에 적용해 볼 수 있다.
이른바 막대 은하, 즉 항성들이 은하 중심에서부터 바깥쪽으로 뻗은
직선 영역에 몰려 있는 은하에 대해 생각해 보자. 그 직선 영역은 은
하가 회전함에 따라 어떻게 변형될까? 일단은 항성들이 은하 중심 둘
레를 돌면서 케플러의 제3법칙(1619)을 따른다고 가정해 보아도 좋을
것이다. 그 법칙에 따르면 궤도 주기의 제곱은 궤도 반지름(정확히 말
하면 궤도 장반경)의 세제곱에 비례한다. 궤도 주기는 각속도 $f(r)$에 반

비례하므로, 우리는 다음과 같이 적을 수 있다.

$$\left(\frac{1}{f(r)}\right)^2 \propto r^3$$

이 식은 이렇게 정리할 수 있다.

$$f(r) \propto r^{-3/2}$$

앞에서 고안한 방법을 이용하면, 해당 나선의 방정식이 다음과 같으리라는 점을 알 수 있다.

$$r = \left(\frac{T}{\Phi}\right)^{2/3}$$

이 나선은 쌍곡 나선과 비슷한데, T값을 증가시켜 가며 그려 보면 그림 40.1과 같은 형태로 나타난다. 실제로 막대 은하가 이런 식으로 변형되어 나선 은하를 이룰 수 있을까? 문제가 몇 가지 있다. 첫째, 이런 나선형들은 M51 같은 나선 은하의 팔 모양과 별로 비슷하지 않은 듯하다. 게다가 관측 결과에 따르면 은하 중심 둘레를 도는 항성들의 궤도는 그 제3법칙을 '전혀' 따르지 않는다. 사실상 궤도 반지름이 큰 항성들은 km/s 단위의 속도가 서로 비슷비슷한데(Fuchs et al., 1998), 이는 매우 기이한 현상으로 보통 암흑 물질의 영향 때문이라고 설명된다. 해당 나선의 정체를 알아내는 일은 독자를 위한 연습 문제로 남겨 두겠다(수학·물리학 교재에 많이 나오는 아주 짜증나는 표현).

그림 40.2 〈모나리자〉가 포토샵에서 회전 변형으로 왜곡되는 세 단계.

포토샵에서 '트월twirl(돌리기)'이라는 왜곡 필터는 바로 이런 원리에 따라 기능한다. 그 필터는 이미지 속의 픽셀들을 반지름의 함수인 각변위만큼 이동시킨다(그림 40.2). 픽셀 해상도가 높은 경우에 이런 방식은 사실상 '일대일 대응'에 해당한다. 이는 원본 이미지의 각 점이 왜곡된 이미지의 한 점과 대응하고 그 역도 마찬가지라는 뜻이다. 그런 대응 관계는 가역적이다. 그러므로 왜곡 과정을 역으로 진행시키기만 하면, 왜곡된 이미지를 원본대로 복원할 수 있다. 2007년에 일어난 한 유명한 사건에서는 트월 필터의 가역성이 아동 성추행범 크리스토퍼 폴 닐Christopher Paul Neil의 패인이 되었다. 그는 자신이 범죄를 저지르는 모습을 담은 사진 200여 장을 인터넷에 올렸는데, 그런 사진에서 자기 얼굴은 트월 필터로 알아보기 힘들게 처리해 두었다. 독일 경찰의 전문가들은 간단히 왜곡 과정을 역으로 진행시켜 원본의 얼굴을 신기하게 재현해 냈다. 닐은 체포되어 6년 형을 선고받았는데, 이는 그가 집합론에 대한 지식이 부족했기 때문이었다.

41

뒤러의 비밀

독일의 다 빈치라 할 수 있는 알브레히트 뒤러(1471~1528)는 뛰어난 화가이면서 기하학에도 능통했다. 1525년에 처음 출간된 《컴퍼스와 자를 사용하는 측정 방법》제1권에서 그는 갖가지 평면 나선과 입체 나선에 관해 아름다운 삽화를 곁들여 길게 이야기한다. 그중 대부분은 아르키메데스 나선에서 파생된 종류다. 하지만 그 책에는 나선의 역사에서 대체로 간과되어 온 짧막하나 아주 흥미로운 단락도 하나 있는데, 거기서 뒤러는 데카르트보다 100여 년 일찍 로그 나선을 그린다. 이는 수학적으로 매우 훌륭한 업적이라기보다는 예술가의 머리에서 나온 창의적이되 막연한 아이디어에 가깝다.

누구든 끝이 없는 선, 즉 꾸준히 중심 쪽으로 다가가지만 [……] 절대 끝나지 않는 선을 상상해 볼 수 있을 것이다. 무한히 크면서도 무한히 작은 속성 때문에 이 선은 우리가 손으로 그릴 수 없다. 시작과 끝을 찾을 수가 없는 까닭이다. 그들은 오로지 마음속에만 존재하니까. 하지만 아

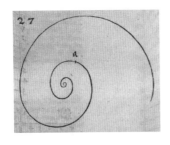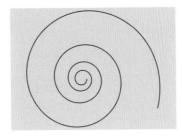

그림 41.1   왼쪽: 뒤러가 스케치한 "무한한 선ewige lini." 오른쪽: 뒤러의 설명대로 그린 로
그 나선 $r=e^{0.1103\varphi}$.

래에서 나는 그런 선을 시작과 끝이 있는 형태로 능력껏 보여 줄 것이다.
점 a에서부터 나는 그 선을 빙빙 돌려 그린다. 마치 선이 중심 쪽으로 달
려가는 것처럼. 그러면서 선이 자신과 마주칠 때마다 나는 선들 간의 폭
을 절반으로 줄인다. 그리고 선을 a에서부터 바깥쪽으로 그릴 때도 똑같
이 한다. 즉 선이 자기 위를 지나갈 때마다 나는 그 선에 절반만큼의 폭
을 더 부여한다. 그래서 이 선은 안쪽으로 갈수록 좁아지고 바깥쪽으로
갈수록 넓어지지만, 안쪽에서든 바깥쪽에서든 절대 끝나지 않는다. 내가
아래에 그려 놓은 스케치를 보면 이를 이해하는 데 도움이 될 것이다.

아주 명쾌한 설명은 아닌 듯한데, 내가 이해한 바론 뒤러는 점 a
를 찍은 후 선을 안쪽으로 그리면서 인접부들의 간격이 한 바퀴마다
절반으로 줄게 한 다음 선을 바깥쪽으로 그리면서 인접부들의 간격이
한 바퀴마다 두 배로 늘게 한다. 그가 보여 주는 스케치는 얼추 맞는
듯하다(그림 41.1).
계산을 해 보면, 뒤러의 무한한 선은 팽창 계수 k가 $(\ln2)/2\pi$, 즉

약 0.1103인 로그 나선이라는 사실을 밝힐 수 있다. 그런데 컴퓨터 그래프는 뒤러의 스케치와 별로 비슷하지 않다. 뒤러는 속임수를 썼다. 그는 그러고도 그냥 넘어갈 수 있겠거니 생각했을 뿐, 자신의 부정확한 그림이 500년 후의 미래에 전자식 계산 장치로 검사를 받으리라곤 상상도 못 했다.

분명히 뒤러는 그 나선이 "안쪽에서든 바깥쪽에서든 절대 끝나지 않는다"는 사실에 전율하고 있다. 그는 어쩌면 로그 나선 밈 바이러스, 한 세기 후에 돌아와 아주 널리 퍼질 그 바이러스의 첫 감염자였을지도 모른다. 하지만 우리가 앞서 확인해 보았듯이 그 나선은 절대 끝나지 않긴 하지만 길이가 유한하다. 뒤러의 나선은 안쪽으로 갈 때 한 바퀴마다 크기가 절반으로 줄어든다. 가령 첫 한 바퀴의 길이가 1/2이라고 하자. 그다음 안쪽 한 바퀴의 길이는 1/4, 또 그다음 한 바퀴의 길이는 1/8이고, 그다음부터도 계속 이런 식이다. 그렇다면 안쪽 n바퀴의 총길이 L_n은 다음과 같은 등비급수일 것이다.

$$L_n = \frac{1}{2} + \frac{1}{4} + \frac{1}{8} + \cdots + \frac{1}{2^n}$$

L_n의 닫힌 형식을 구하기 위해 오래된 계산 요령을 쓰자. 먼저 양변에 2를 곱하면 다음과 같이 된다.

$$2L_n = \frac{2}{2} + \frac{2}{4} + \frac{2}{8} + \cdots + \frac{2}{2^n} = 1 + \frac{1}{2} + \frac{1}{4} + \cdots + \frac{1}{2^{n-1}} = 1 + L_n - \frac{1}{2^n}$$

그다음에 이 식의 양변에서 L_n을 빼면 다음과 같이 된다.

$$L_n = 1 - \frac{1}{2^n}$$

이제 안쪽으로 돌아가는 바퀴 수(감김 수) n을 무한대로 보내자. 그러면 나선의 안쪽 총길이는 1에 한없이 가까워진다. 바퀴 수는 무한하지만, 경로의 총길이는 유한하다. 이는 제논의 이른바 '이분법 역설dichotomy paradox'을 연상시킨다. 제논Zeno(BC 490~430?)은 이렇게 주장했다. 운동이란 불가능하다. 주자는 경주로의 끝에 도달할 수 없다. 왜냐하면 그는 우선 그 길의 절반 지점까지 간 다음, 남은 거리의 절반(총거리의 1/4)을 가고, 또 계속해서 1/8, 1/16 등등만큼도 가야 하기 때문이다. 우리는 제논이 이를 불가능한 일로 여긴 이유를 정확히 알지 못한다. 어쩌면 그는 이런 항들의 총합이 무한하다고 생각했는지도 모르는데, 이는 우리가 확인해 보았듯이 분명 잘못된 생각이다. 어쩌면 더 흥미롭게도 그는 한정된 시간 안에 무한히 많은 일을 수행하기란 일의 규모와 상관없이 불가능하다고 생각했는지도 모른다. 어쨌든 나는 시노페의 디오게네스(BC 410~323?)의 답이 상당히 마음에 드는데, 그 답은 수학적 엄격성이 좀 부족하긴 하다. 그는 아무 말 없이 그냥 일어서서 가 버렸다!

42

시간의 심연에서 나온 나선형

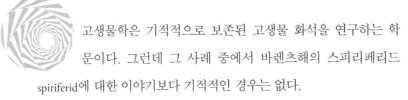

고생물학은 기적적으로 보존된 고생물 화석을 연구하는 학문이다. 그런데 그 사례 중에서 바렌츠해의 스피리페리드 spiriferid에 대한 이야기보다 기적적인 경우는 없다.

약 2억 6000만 년 전에 지금의 북극 바렌츠해에서는 한 작은 완족류가 자잘한 영양분을 섭취하려고 바닷물을 꾸준히 거르고 있었다. 그 완족류는 거의 멸종된 한 동물 문門, 조개와 약간 비슷하지만 훨씬 아름다운 듯한 그 문에 속한다. 그들은 고생대에 번성했으나 현대의 바다에는 비교적 드문 편이다. 그 당시는 기후가 더 따뜻했다. 포유류가 나타나기 전이었고, 공룡도 나타나기 전이었으며, 페름기 말 대멸종이란 대격변까지는 아직 한참 남아 있던 시기였다.

너비가 몇 밀리미터밖에 안 되는 이 작은 완족류는 지구에 생명체가 나타난 이후 줄곧 생존 경쟁을 벌여 온 수많은 다른 동물들과 마찬가지로 짧은 생을 살았다. 수억 년간 그 죽은 껍데기는 묻힌 상태에서 점점 더 아래로 내려가, 훨씬 나중에 북대서양이 될 곳의 바

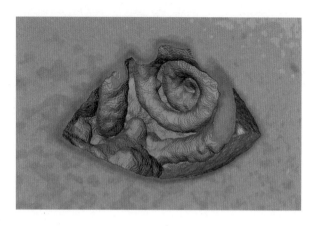

그림 42.1　　바렌츠해의 유정 7220/3 - 1에서 얻은 페름기 완족류 스피리페리드의 나선형 섭식 기관 뼈대(총담골).

닥 밑으로 깊이깊이 들어갔다. 그리고 지각地殼(지구의 표면을 둘러싸고 있는 부분) 속 깊숙한 곳에서 자리를 잡았다. 거친 바렌츠해 아래의 1km가 넘는 암층 밑이었다. 그런 뒤 2015년 석유 기업인 룬딘 페트롤레움Lundin Petroleum은 반잠수식 시추선 아일랜드이노베이터Island Innovator호로 석유와 천연가스를 찾으려고 시추 작업을 하고 있었다. 거기서 나는 1852m의 깊이(해저면 아래 1500m쯤 되는 곳)로부터 올라온 작은 암심巖心˙ 샘플을 하나 건네받아 CT 스캐닝을 했다. 그 샘플 내부에서 완족류 한 마리가 컴퓨터 화면상에 나타났다. 그리고 고해상도 X선 사진 3000장과 정교한 수학적 연산으로 가상 3D 복원도가 만들어졌다(그림 42.1).

■ 시추기로 구멍을 뚫을 때 나온 둥근 기둥 모양의 돌을 말한다.

그림 42.2　프랑스의 쥐라기 암층에서 나온 스피리페리나 핑귀스*Spiriferina pinguis*라는 완족류 스피리페리드. 너비가 4cm쯤 된다. 껍데기의 일부가 부서져서 내부의 총담골이 드러나 있다. 오슬로대학교 자연사박물관에 소장되어 있다.

그 완족류는 스피리페리드(라틴어로 '나선형을 품고 있다'는 뜻)였는데, 바로 그런 이유로 이 책에서 한 자리를 차지하고 있다. 스피리페리드는 기막힌 나선 모양의 총담골總膽骨/brachidium이라는 섭식 기관 뼈대를 특징으로 한다(그림 42.2). 바렌츠해에서 얻은 화석에는 그런 총담골이 멋지게 보존되어 있다. 그것은 시간의 심연에서 나온 나선형이다. 그것은 다른 시대에 다른 세상에서 살던 한 동물에게서 생겨나, 해저면 아래 1500m에서 올라온 가는 암심 속에서 나타났다. 그것은 아마 이 책에서 가장 시사하는 바가 많은 나선형일 듯싶다.

43

아르키메데스식 추진

아르키메데스 나선 양수기는 원통 안에 입체 나선(정확히 말하면 헬리코이드)이 들어 있는 형태로 물을 효율적으로 퍼 올리는 기계다(그림 43.1). 우아한 디자인이 정말 '현대적'으로 보이는 그 양수기는 아직까지도 공학적 용도로 더러 선택되는 장치다. 놀랍게도 그 장치는 고대 그리스, 로마, 이집트에서도 흔히 쓰이고 있었다. 로마 시대의 건축가 비트루비우스Vitruvius의 《건축 10서》를 비롯한 몇몇 고대 문서에 상세한 설명이 나오는데, 그리스의 역사가 디오도로스 시켈로스Diodorus Sikelos(BC 1세기)는 아르키메데스가 그것을 발명했다고 말한다.

하지만 안타깝게도 현재까지 남아 있는 아르키메데스의 저서에는 그 양수기가 전혀 언급되지 않는다. 발명자의 정체에 대한 고대 문서들의 내용은 다소 애매모호한데 어쩌면 완전히 틀렸을지도 모른다. 어쩌면 이는 몇 가지 요인이 뒤얽힌 결과였을 수도 있다. 아르키메데스가 널리 존경받고 있던 당시 분위기, 그가 평면 나선에 대한 논문을 썼다

그림 43.1　1914년에 노르웨이 시르셰위에 설치되었다가 방치되어 있는 아르키메데스 나선 양수기. 바깥 덮개가 사라져서 6m 길이의 나선부가 드러나 있다. 이 장치는 원래 풍차로 구동되었으며, 말라리아 발병률을 줄이기 위해 작은 아레킬렌호에서 물을 빼려던 헛된 시도의 일환으로 설치되었다.

는 사실(하지만 앞서 살펴보았듯이 평면 나선은 입체 나선과 상당히 다르다), 그리고 무엇보다 그가 '아르키메데스' 나선 양수기가 흔히 쓰이고 있던 알렉산드리아에서 살았다는 점. 이 마지막 사실은 특히 흥미롭다. 이집트인들이 이미 그 양수기의 사용법을 알고 있었고 아르키메데스는 그냥 그 방법을 그들에게서 배우기만 했을 수도 있지 않을까? 만약 그렇다면 이집트인들은 그 방법을 아시리아인에게서 배워 두었던 것인지도 모른다. 아르키메데스가 활동하기 350년 전에 아시리아

왕 센나케리브는 아르키메데스 나선 양수기였을 수도 있는 어떤 관개 장치에 대해 설명했으나, 해당 문서는 짧은 데다 달리 해석될 여지도 있다. 게다가 그리스의 지리학자이자 역사가인 스트라본Strabon(BC 64~AD 21)은 아르키메데스 나선 양수기가 바빌론의 공중 정원에서 쓰였다고 말하는데, 그가 아르키메데스 나선 양수기가 이미 서양에서 동양으로 전해졌을 수도 있는 나중 시기에 대해 얘기하고 있는 것인지의 여부는 확실하지 않다. 이런 문제들은 스테파니 달리Stephanie Dalley와 존 올슨John Oleson(2003)의 재미있는 논문에 논의되어 있다.

표준 드릴 날도 아르키메데스 양수기의 나선부screw와 같은 모양이다. 거기에 나선형 홈이 패어 있는 것은 구멍을 파기 위해서가 아니라, 가루와 부스러기를 구멍 밖으로 빼내기 위해서다. 아르키메데스 나선 양수기는 고대에 잘 알려져 있었는데, 그 나선부는 알렉산드리아의 헤론이 열거한 다섯 가지 단순 기계, 즉 기계학의 구성 요소 중 하나이기도 했다. 하지만 18세기 말까지는 빙빙 비틀린 드릴 날에 관한 이런저런 증거가 드문드문 있을 뿐이다. 나사송곳에 대한 최초의 영향력 있는 특허는 코네티컷주의 조선가 에즈라 롬듀Ezra L'Hommedieu가 1809년에야 신청했다(Mercer, 1929). 그 송곳은 오른돌이 이중 헬리코이드 모양이다(그림 43.2). 다음에 드릴을 사용하게 되거든 잠시 롬듀에 대해 생각해 보라. 그가 없었다면 우리 일은 엄청나게 힘들어졌을 것이다. 제임스 와트James Watt의 증기 기관, 존 해리슨의 크로노미터chronometer,* 알레산드로 볼타Alessandro Volta의 전지, 미분법이 모두

■ 항해 중인 배가 그 위치를 산출할 때 사용하는 정밀한 시계다.

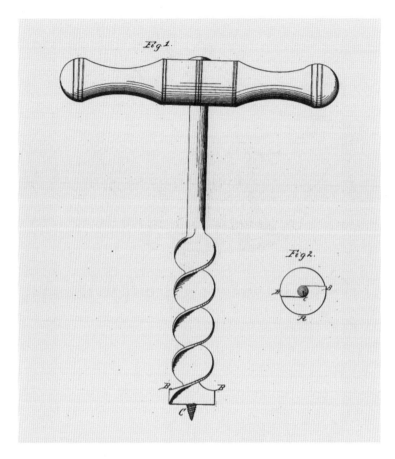

그림 43.2   롬듀가 1809년에 받은 미국 특허 번호 1,114X의 나사송곳.

실용적인 핸드 드릴보다 먼저 발명되었다니 놀랍다!

　　레오나르도 다 빈치가 설계한 유명한 헬리콥터는 기발하긴 하지만 실용적이라기보다는 우스꽝스럽다(그림 43.3). 그 장치는 당시 사용 가능했던 소재로 만들 수 있는 것보다 훨씬 가볍게 만들어진다면 날

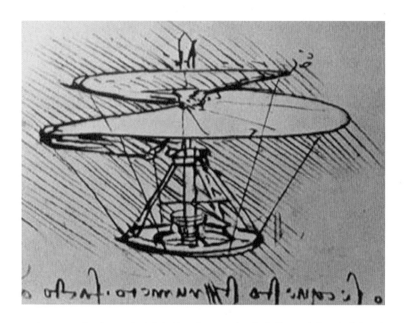

그림 43.3   레오나르도 다 빈치의 〈항공기〉(1493). '음영 방향'으로 미뤄 보면 아마도 다 빈치는 왼손잡이였을 것이다.

수 있을지도 모르는데, 그것도 외부 엔진으로 구동되는 경우에만 가능한 일이다. 현대 헬리콥터에서 꼬리 회전 날개가 제공하는 반작용 힘이 부족하므로, 그 장치를 기내 엔진으로 구동하기란 불가능할 것이다. 다 빈치가 회전 날개를 입체 나선helix이라고 부른다는 점을 고려해 보면, 아르키메데스 나선 양수기가 영감의 주된 원천이었으리라고 추측해도 좋을 듯싶다. 그는 그 양수기가 물을 퍼 올리듯이 공기를 밀어 내는 헬리콥터를 구상해 본 것이 아닐까.

아르키메데스 양수기의 나선부가 실질적인 추진 수단으로 쓰인 것은 19세기가 되어서였다. 최초로 스크루(배에 장치된 추진용 회전 날

그림 43.4   1839년에 만들어진 아르키메데스호의 스크루.

개)를 갖춘 제대로 된 증기선은 1839년에 적절한 이름으로 만들어진 아르키메데스호였다(그림 43.4). 그런 방식은 즉시 성공을 거두었다. 그 프로펠러는 곧 거추장스럽고 비효율적인 외차外車보다 우위를 차지할 터였다. 원래 디자인은 한 바퀴 비틀린 적절하고 완전한 헬리코이드 모양이었으나, 불과 1년 후에 진동을 줄이기 위해 좀 더 현대적인 모양의 날개 두 장짜리 스크루로 대체되었다.

현대의 선박이나 비행기에서 쓰는 프로펠러는 물론 아르키메데스 양수기의 나선부와 그다지 비슷하지 않고, 훨씬 복잡한 모양을 띤다. 그래도 항공기의 터보프롭 엔진과 컴퓨터의 냉각 팬은 몇천 년을 거슬러 올라가 고대 로마의 아름다운 양수기에 깊은 뿌리를 두고 있다.

아니 좀 더 정확히 말하면, 더 옛날로, 훨씬 더 옛날로 거슬러 올라간다. 입체 나선형을 회전시켜 추진력을 얻는 방법은 수십억 년 전에 세균이 발명했다. 분당 1000바퀴까지 회전하는 윗돌이 입체 나선

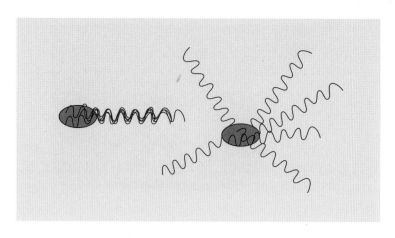

그림 43.5   왼쪽: 편모를 시계 반대 방향으로 회전시켜 앞으로 나아가는 경우. 오른쪽: 편모를 시계 방향으로 회전시켜 몸을 돌리는 경우.

형인 세균 편모의 작동 원리는 아르키메데스호 스크루의 작동 원리와 같다. 대장균*Escherichia coli*을 비롯한 몇몇 종은 이 이야기에 재미있는 반전을 가미한다. 그들은 편모가 한 개가 아니라 여섯 개다(그림 43.5). 그 여섯 개를 시계 반대 방향으로 회전시키면 세균은 편모들이 한데 모여 다발을 이룸에 따라 앞으로 헤엄치게 된다. 편모 중 일부나 전부를 시계 방향으로 회전시키면 세균은 편모들이 사방으로 내뻗음에 따라 몸이 빙그르르 돌게 되므로 헤엄 방향을 바꿀 수 있다. 아주 우아한 방법은 아니지만, 효과는 있다.

44

미라에 감긴 붕대 풀기

무한히 가는 검은색 끈이 빨간색 원 둘레에 친친 감겨 있다(그림 44.1). 그런데 그 끈을 팽팽히 잡아당기면서 원에서 풀어 가 보라. 그러면 끈의 끝점은 바깥쪽으로 돌아 나가는 어떤 나선형 경로를 따라갈 것이다. 그런 경로를 '원의 신개선伸開線/involute'이라고 부른다.

원의 반지름을 a, 라디안 단위의 편각을 φ라고 할 때, 그 신개선의 데카르트 좌표는 다음과 같다.

$$x = a(\cos\varphi + \varphi\sin\varphi)$$
$$y = a(\sin\varphi - \varphi\cos\varphi)$$

그런데 φ값이 큰 경우라면 이 방정식은 분명 아르키메데스 나선을 나타내는 다음과 같은 방정식에 아주 가까워질 것이다.

$$x = a\varphi\sin\varphi$$

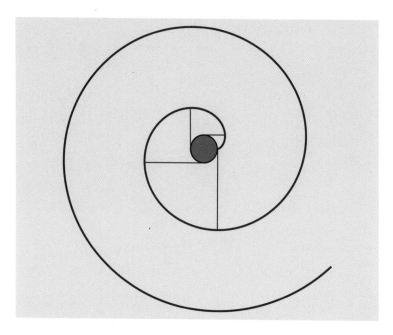

그림 44.1 　원의 신개선. 끈의 몇몇 위치도 함께 나타나 있다.

$$y = -a\varphi\cos\varphi$$

바꿔 말하면, 원의 신개선은 극점에서 멀어지면 아르키메데스 나선과 거의 똑같아진다(그림 44.2).

아르키메데스 나선은 반지름 방향으로 측정한 인접부 간의 거리가 일정하지만, 신개선이란 나선은 그 곡선에 수직인 방향으로 측정한 인접부 간의 거리가 일정하다. 둘은 '거의' 똑같지만, '완전히' 똑같진 않다. 신개선은 두께가 일정한 밧줄이 돌돌 말려 있는 모양에 더 가깝다.

그림 44.2 $a=1$인 아르키메데스 나선(검은색)과 반지름이 1인 원의 신개선(빨간색)은 한 바퀴도 채 돌아가지 않은 곳에서부터 구별하기 힘들어진다. 부록 B에 프로그램 코드가 있다.

긴 밧줄 같은 구조가 돌돌 말리는 것은 자연계에서 신개선이 나타나는 일반적인 원인 중 하나다. 나는 태평양에서 사는 가위살파 *Pegea*라는 살파류salp의 군체형보다 멋진 예를 알지 못한다(그림 44.3). 살파류는 주머니와 닮은 기묘한 피낭동물로, 몸통을 수축해 물을 뿜어내는 제트 추진 방식으로 헤엄친다. 피낭동물은 척추동물과 밀접히 연관되어 있으며, 유럽 해안 부근의 바위에 붙어사는 '멍게류'도 포함한다. 살파류는 시기별로 독립생활을 하기도 하고 '체인chain'이라는 큼직한 군체를 이루기도 한다. 가위살파의 체인은 서로 평행한 두 줄로 구성된다. 그 체인에는 무성 생식(출아)으로 새로운 개체들이 계속

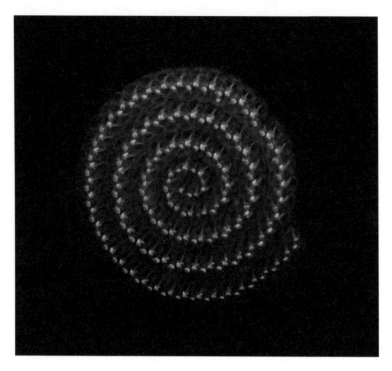

그림 44.3   가위살파의 체인이라는 군체. 폭이 30cm쯤 된다.

추가된다. 그런데 그런 체인이 꿈틀거리며 아무렇게나 이리저리 구부
러지고 뒤틀린다고 상상해 보라. 제트 엔진들이 사방팔방을 향할 테니,
순 추력(추진력)은 제로에 가까워질 것이다. 그렇다면 체인을 돌돌 말아
나선 모양으로 만들어서 그 물총들이 모두 가지런히 배열된 채 나선 평
면에 수직인 방향으로 물을 내뿜도록 하는 편이 훨씬 현명할 것이다.

   원의 신개선은 기계공학에서도 중요하다. 톱니바퀴는 현대 사회
에 필수적인 장치인데, 톱니의 윤곽은 해당 기계를 원활하게 효율적

그림 44.4　왼쪽: 1900년경에 만든 물레방아의 신개선 톱니바퀴. 노르웨이의 모스타운 산업박물관에 있다. 오른쪽: 작동 불가능한 톱니바퀴. 이런 직사각형 톱니들은 곧바로 다른 톱니바퀴의 톱니 사이에 끼이고 말 것이다. 노르웨이 외브레에이케르에 있는 톰 에리크 안데르센Tom Erik Andersen의 조각품이다.

으로 소음 없이 작동시키는 문제에서 대단히 중요하다. 그 문제에서 어려운 부분은 톱니들이 서로 맞물렸다가 떨어졌다가 하는 동안 구동 바퀴의 각속도를 일정하게 유지하는 일이다. 사이클로이드라는 곡선에도 이런 속성이 있지만, 현대의 톱니바퀴에서는 대체로 그것 대신 원의 신개선의 일부를 사용하는데 그 결과로 톱니 옆면이 특유의 볼록한 윤곽을 띤다(그림 44.4). 이 중요한 발명의 기원은 다름 아닌 뛰어난 수학자 레온하르트 오일러Leonhard Euler(1707~1783)까지 거슬러 올라간다. BC 200~100년경에 그리스에서 안티키테라Antikythera 메커니즘이라는 대단한 천문학 계산기를 만들었던 무명의 기계 천재도 삼각형 톱니를 사용했다는 사실은 주목할 만하다. 그 결과로 달그락거리게 된 톱니들은 분명 태양과 달의 움직임에 대한 예측을 부정확하게 하는 한 원인이 되었을 것이다.

　그런데 물론 원의 신개선까지만 만들라는 법은 없다. 우리는 어떤

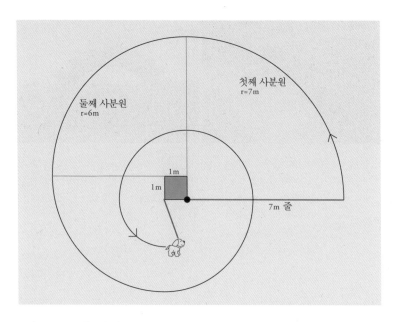

첫째 사분원
r=7m

둘째 사분원
r=6m

1m

1m

7m 줄

그림 44.5　줄에 묶인 채로 개집 둘레를 달리는 강아지는 정사각형의 신개선을 그린다.

모양이든지 선택해 그것의 신개선을 만들 수 있다. (2차원) 미라의 신개선은 거기 감긴 붕대를 풀어 갈 때 붕대의 끝이 그리는 선이다. 아니면 활발한 강아지 한 마리를 기다란 줄로 정사각형 개집 한 귀퉁이에 묶고, 그 강아지가 줄을 계속 팽팽히 당기면서 개집 둘레를 몇 바퀴 달리게 해 보라(그림 44.5). 줄이 개집에 감기는 동안 강아지는 정사각형의 신개선을 그리게 될 텐데, 그 신개선은 반지름이 줄어드는 일련의 사분원들로 구성된다.

　정사각형의 신개선은 보시다시피 아주 예쁜 나선은 아니다. 약간 한쪽으로 기울어 있고 울퉁불퉁한 모양이다. 우리는 나중에 이 이야

그림 44.6　　로그 나선(검은색)과 그 신개선(빨간색). 끈의 몇몇 위치도 함께 나타나 있다.

기로 돌아올 것이다. 그 대신 이번에는 좀 별난 것을 시도해 보자. 로
그 나선의 신개선은 어떤 모양일까? 그 결과는 그림 44.6에 나와 있는
데 정말 놀랍다. 그 신개선은 또 다른 로그 나선이다. 사실상 두 나선
은 바퀴당 반지름 팽창률이 같은데(즉 팽창 계수가 같다), 하나가 다른
하나의 회전 변환 결과라는 점에서만 다르다. 야코프 베르누이가 발
견한 이런 사실은 로그 나선의 또 다른 멋진 속성에 해당한다.

45

이교도들의 나선형

신석기 시대와 청동기 시대의 유럽인들은 나선형에 푹 빠져 있었다. 그런 나선형은 온갖 암각화, 장신구, 건축물에 워낙 구석구석 배어들어 있어서, 스칸디나비아반도에서 이집트에 이르는 지역의 수천 년에 걸친 여러 문화를 특징짓고 결속해 준다. 그것은 변화무쌍한 형태와 조합으로 도처에서 나타나는 특출한 상징이다. 학자들은 그 의미에 대해 끝없이 논란을 벌인다. 그런 나선형은 어쩌면 태양을 상징했을지도 모르고, 어쩌면 식물에서 유래했을지도 모르고, 어쩌면 파도를 나타냈을지도 모른다. 아니면 영원의 상징이었을 수도 있고, 주술적 체험을 묘사한 것이었을 수도 있으며, 그냥 장식용이었을 수도 있다. 모르긴 몰라도 이 중 몇 가지가 어떤 역할을 했을 텐데, 아마 그들의 상대적 중요도는 시간이 흐름에 따라 달라졌을 것이다. 어쨌든 갖가지 나선형이 보통 의식과 관련해 엄청나게 많이 쓰였다는 사실로 미루어 보면, 그 모양은 어떤 심오한 신비주의적 의미를 담고 있던 경우가 많았겠지만, 지금은 수천 년이 지나가는 사이에 신흥 종

그림 45.1   BC 3200년경에 지은 몰타의 타르시엔 신전.

교들이 득세함에 따라 그런 의미를 영영 잃어버린 실정이다.

고고학 박물관에 가 보면 선사 시대와 고대에 나선형이 얼마나 중요했는지 확인할 수 있는데, 여기서는 그 예를 몇 가지만 들겠다.

BC 3200년경에 지은 몰타의 타르시엔Tarxien 거석 신전의 서로 연결된 나선형들은 너무나 아름답게 조각되어 있어서 제작 연대에 대한 착각을 불러일으킬 듯하다. 그 정도면 훨씬 후대인 고전기 그리스 · 로마 미술에서나 볼 수 있을 법한 수준이다(그림 45.1). 정교하고 균형 잡힌 디자인은 왼돌이 나선형 및 오른돌이 나선형과, 식물을 연상시키는 장식으로 구성된다. 훨씬 나중에 나타난 그리스 '뇌문'과의 유사성은 매우 흥미롭지만, 둘은 위상 구조가 다르다. 타르시엔 신전의 무늬는 일련의 단일 나선들로 구성되는 데 반해, 그리스 뇌문은 선하나가 이리저리 구부러져 있는 모양이다(그림 45.2). 역설적이게도 그리스 뇌문은 문화, 아름다움, 초기 민주주의와 아주 밀접히 관련된 상

그림 45.2 그리스 뇌문.

그림 45.3 BC 3200년경에 만든 아일랜드 뉴그레인지 널길 무덤의 입구에 놓인 돌. 왼쪽의 트리스켈리온 무늬를 눈여겨보라.

징임에도 불구하고 그리스의 극우 정당 황금새벽당의 불길해 보이는 나치식 로고로 변하고 말았다.

아일랜드 뉴그레인지에 있는 신석기 시대 널길[■] 무덤(BC 3200년경)의 나선형 무늬는 타르시엔 신전의 무늬보다 훨씬 덜 세련되지만, 그렇다고 전혀 복잡하지 않은 것은 아니다(그림 45.3). 그중 일부는 세

■ 고분의 입구에서 시체를 안치한 방까지 이르는 길을 말한다.

그림 45.4　　파이스토스 원반 A면.

개가 미로처럼 복잡하게 서로 맞물린 '트리스켈리온triskelion/triskele'
이라는 모양으로 나타나 있다.

제작 연대가 BC 제2천년기로 추정되는 유명하고 신비로운 크레
타 문명 유물 파이스토스Phaistos 원반▪은 아르키메데스 나선과 비슷한
모양을 띠는 또 다른 예다(그림 45.4). 거기 적힌 글은 아직 해독되지

▪ 그리스 크레타의 파이스토스에 있는 미노아 문명의 궁전에서 발굴된 구운 점토 원반으로,
직경 약 15cm에 양면이 모두 나선형으로 찍힌 기호들로 뒤덮여 있다. 현존하는 고고학 최대의
미스터리 중 하나다.

273

그림 45.5   왼쪽: 나선형 청동 장신구. 폭이 7cm쯤 된다. 노르웨이의 청동기 시대 유물이다. 오른쪽: 노르웨이 로갈란에서 BC 1500~1100년경에 사용한 투톨루스tutulus라는 모자의 복제품.

않았다. 고고학자들은 그 나선형이 안쪽으로 만들어졌느냐 아니면 바깥쪽으로 만들어졌느냐 하는 문제를 놓고 논의하고 있다. 아마도 띠 모양을 고른 폭으로 둥글게 만들려면 중심에서부터 작업을 시작하는 편이 더 수월하겠지만, 기호들이 더러 겹쳐져 있는 상태로 미뤄 보면 작업이 반대 방향으로 진행된 듯도 하다. 어쩌면 나선형 자체는 바깥쪽으로 만들어졌으나 글은 그다음에 안쪽으로 작성되었는지도 모른다.

청동기 시대 또한 나선형의 시대라고 불러도 좋을 것이다. 적어도 그 시대의 스칸디나비아반도에서는 나선형이 그야말로 도처에 널려 있었다. 그 일례인 안경형 브로치spectacle fibula는 청동 선 하나를 구부려 한 쌍의 아르키메데스 나선(정확히 말하면 원의 신개선)에 가까운 모양으로 만든 장신구다. 그런 장신구는 BC 9세기경에 크게 유행했다(그림 45.5).

스칸디나비아반도의 청동기 시대 암각화(바위그림)에서도 나선

그림 45.6　노르웨이 하프슬룬의 청동기 시대 쌍나선형 암각화.

형을 흔히 볼 수 있다. 노르웨이에서는 나선 한 쌍이 원 하나에 들어
가 있는 모양, 혹은 그것이 배에 실려 있는 모양의 재미있는 기호(그림
45.6)가 발견되는데 아마도 태양을 의미하는 듯하다. 실은 그게 아니
라 얼굴일까?

　노르웨이 사네피오르 근처의 한 청동기 시대 미술가는 나선형에
하도 푹 빠져서 나선형 없이는 사람도 그리지 못하는 지경에 이르고
말았다(그림 45.7). 그 유적지에 있는 큼직하고 치명적으로 귀여운 사
람 모양 여덟 개는 그가 얼마나 나선형에 심취했는지를 잘 보여 준다.

　820년경에 만든 노르웨이 바이킹선 오세베리Oseberg호의 뱃머리
(이물)는 우아하게 가늘어지는 나선형 뱀 모양으로 너비가 60cm쯤 되
며 이음매 없이 선체로 매끄럽게 이어지도록 되어 있다(그림 45.8). 그

그림 45.7   노르웨이 사네피오르 하우겐에 있는 암각화의 나선형 인간 형상.

나선형은 수직 방향으로 약간 늘어져 있는데, 뱀의 몸 중에서 머리 바로 아래에 있는 부분도 폭이 조금 넓어져 있고, 심지어 그 부분의 무늬 간격도 비교적 좁아져 있다. 밑에서 비스듬히 올려다보면 그런 왜곡이 사라진 것처럼 보인다. 이런 착시 현상이 의도되었는지는 물론 알 수가 없지만, 만약 정말 그런 의도가 있었다면 이는 제작자가 세세한 부분에 대단히 주의를 많이 기울였으며 원근법과 투영법을 깊이 이해했음을 말해 준다.

바이킹선은 붉은색으로 칠해졌다고 한다. 9세기의 노르웨이 음

그림 45.8 부분적으로 복원된 오세베리호의 뱃머리.

유 시인 토르비에른 호릉클로베Torbjørn Hornklove는 스칼드 시Skaldic poetry ▪ 〈하랄왕 찬시Haraldskvæði〉에서 이렇게 읊조린다.

> 노르웨이의 왕,
>
> 그는 깊은 배를 거느리고 있지.
>
> 이물이 불그스름하고,
>
> 방패가 빨갛고,
>
> 노에 타르가 발렸고,
>
> 천막에 바다 거품이 흩뿌려진 배들을.

▪ 북유럽의 바이킹 시대(9~10세기)의 궁정시다.

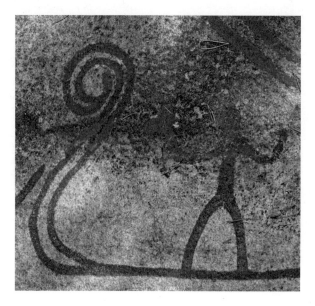

그림 45.9   낯배의 배꼬리. 노르웨이 베그뷔에서 BC 1000년경에 그려진 암각화의 일부다.

이런 절묘한 나선형 뱃머리는 바이킹의 발명품이 아니었다. 그런 형태는 BC 1000년경의 스칸디나비아 청동기 시대 암각화에서부터 이미 나타난 것으로 알려져 있다. 노르웨이 베그뷔에서 발견된 유난히 아름다운 그림은 배꼬리(고물)가 우아하게 가늘어지며 매끄럽게 이어져 정말 멋진 나선형을 이루는 배를 보여 준다(그림 45.9). 이 배는 왼쪽에서 오른쪽으로 나아간다. 덴마크의 고고학자 플레밍 카울 Flemming Kaul이 청동기 시대 도상圖像에 관한 방대한 데이터베이스에 근거해 상세히 전개한 이론에 따르면, 이것은 낯배다. 낯배는 하늘에서 동쪽에서 서쪽으로 나아가며 태양을 나르거나 태양'으로서' 제 역할을 하는데, 때론 말에 끌려 가기도 하고, 때론 거인에게 들려서 가

기도 하고, 때론 태양마가 끄는 태양 마차와 교대하기도 한다. 해 질
녘이면 신성한 뱀이 태양을 낮배에서 크고 불길한 밤배로 옮겨 싣는
다. 그 배는 컴컴한 바다 밑에서 서쪽에서 동쪽으로, 즉 오른쪽에서
왼쪽으로 나아가는데, 아마 망자들의 혼도 함께 나를 것이다. 동틀 녘
이면 신성한 물고기가 태양을 도로 낮배에 싣고, 천계의 목동들이 말
을 부름에 따라, 이런 순환적 과정이 되풀이된다. 이는 뿌리가 깊은
장엄하고 아름다운 신화다. 이집트 태양신 라Ra의 태양선船과의 유사
성은 결코 우연의 일치가 아닐 듯하다. 어쩌면 그런 나선형 자체가 밤
과 낮의 순환, 이해할 수 없지만 위안이 되는 우주의 반복성, 일주기
와 연주기로 영원히 되풀이되는 순환적 과정, 예측 가능성과 질서를
상징했는지도 모른다.

나선형과 관련된 이런 경이로운 종교들의 예배 행진에서는 사람
들이 햇빛에 반짝이는 루르lur란 입체 나선형 청동 관악기를 크레타의
신성한 황소의 뿔처럼 오른돌이 하나에 왼돌이 하나씩 쌍쌍이 들고
걸었는데, 그런 악기들의 웅장한 저음은 탁 트인 지형을 가로질러 몇
킬로미터 떨어진 곳까지 전해졌다. 평면 나선형 브로치, 황금 선을 구
부려 만든 입체 나선형 머리 장식, 자연, 무한한 순환적 과정, 죽음과
부활의 나선형적 아름다움에 대한 경배. 그때가 좋았지.

그다음에는 고대 아즈텍의 신 케찰코아틀Quetzalcoatl이 있다. 그
는 바람의 신, 지식의 신, 책의 발명자, 아스테카의 깃털 달린 뱀 신,
마야의 쿠쿨칸Kukulkan(뱀 신)과 구쿠마츠Gukumatz, 샛별 신 틀라우
이스칼판테쿠틀리Tlahuizcalpantecuhtli, 나선 신 등으로 알려져 있었다.
그가 잉태된 것은 동정녀 치말만Chimalman이 에메랄드를 삼켰을 때

그림 45.10　케찰코아틀이 바람 장신구를 가슴에 드리우고 있는 모습. 아즈텍 사제들이 쓴
《보르보니쿠스 고사본*Codex Borbonicus*》에 나오는 그림이다.

였다고도 하고, 그녀의 꿈에 최고신 온테오틀Onteotl이 나왔을 때였다고도 하고, 그녀가 자궁에 화살을 맞았을 때였다고도 한다. 또 우리 은하를 이루는 별들을 낳은 어머니 신 코아틀리쿠에Coatlicue에게서 그가 태어났다는 이야기도 있다. 아무튼 그는 목에 '이에카일라코코스카틀ehecailacocozcatl'이라는 바람 관련 장신구를 두르고 있는데, 이는 콜럼버스 이전 시대 중앙아메리카 문화의 주요 상징 중 하나다(그림 45.10). 그 바람 장신구는 로그 나선 모양, 구체적으로 말하면 보통 스트롬부스*Strombus*(de Borhegyi, 1966)나 파쉬올라리아*Fasciolaria*(Tozzer & Allen, 1910)라는 고둥류의 껍데기를 가로로 자른 모양이다. 그렇게 가로로 잘린 고둥 껍데기들이 실제로 고고학 유적지에서 발견되는데 (de Borhegyi, 1966), 아마도 신관들이 착용했던 것일 듯싶다.

중세 유럽의 주교 지팡이crosier들은 오세베리호의 뱃머리와 비슷하게 보통 뱀 모양을 하고 있다(그림 45.11). 그런데 이들은 아름답긴 하지만 대체로 덜 우아하다. 나선부와 막대기 사이의 이음매가 부자연스러워 보이기 때문이다. 이음매와 위아래를 살펴보면, '위치'는 물론 연속적이고, '방향'도 거의 연속적이지만, '곡률'은 연속적이지 않다는 사실을 알 수 있다. 곡률이 제로인 막대기가 곡률이 큰 나선부로 거의 곧바로 변해 버린다. 곡률의 연속성은 아름다움의 필수 요소다. '스플라인spline'으로 알려진 수학적 곡선은 컴퓨터 그래픽에서 (우아한 글자체의 제작 등에) 아주 많이 쓰이는데, 다름이 아니라 곡률의 연속성을 확보하기 위해서 만드는 선이다. 바이킹들이 그런 일을 제대로 해낼 수 있게 된 이유 중 하나는 나무를 구부려 곡선을 만들다 보니 저절로 곡률을 최소화하게 되었기 때문이다.

그림 45.11   뱀이 꽃을 먹는 모양의 나선부가 있는 주교 지팡이. 프랑스에서 1200～
1220년경에 만들어졌다. 메트로폴리탄미술관에 소장되어 있다.

주교 지팡이 모양의 철로로는 달리지 마세요

그런 주교 지팡이 모양의 철로를 달리는 기차에 타고 있다고 상상해 보라. 기차가 나선부에 진입하면, 곡률이 갑작스레 증가할 테니, 구심력의 변화에 따르는 불편한 흔들림을 느끼게 될 것이다. 철도 선로를 설계할 때는 곡률의 연속성을 확보하는 일이 분명히 중요하다. 실제로 곡선 중에는 '오일러 나선'이라는 특별한 나선이 있는데, 거기서는 곡률이 경로 길이의 함수로서 안쪽으로 갈수록 선형적으로 증가한다. 예를 들어 자동차를 몰면서 핸들을 일정 속도로 돌리면, 차가 오일러 나선을 그리며 달리게 된다. 이 나선은 다루기가 조금 까다롭다. 그것을 나타내는 간단한 방정식이 없기 때문이다. 이 나선은 일반적인 수학 함수의 형태로는 나타낼 수가 없다. 하지만 이른바 '프레넬fresnel 적분'을 이용하면 다음과 같이 해당 x좌표와 y좌표를 매개 변수 t의 함수 형태로는 나타낼 수 있다.

$$x(t) = \int_0^t \cos s^2 ds$$

$$y(t) = \int_0^t \sin s^2 ds$$

이런 적분은 수치적으로, 혹은 어떤 기발한 근사법으로 계산해야 한다. 일단 t가 양수인 경우에 한해 이를 그래프로 나타내 보면, 멋진 모양의 나선을 얻을 수 있다(그림 45.12).

이 나선의 바깥쪽 끝부분, 즉 $t=0$인 부분은 곡률이 제로다. 그런데 철도 선로의 곡선 구간을 만드는 교묘한 방법 중 하나는 오일러 나

그림 45.12   오일러 나선에서 t가 양수인 부분. 부록 B에 프로그램 코드가 있다.

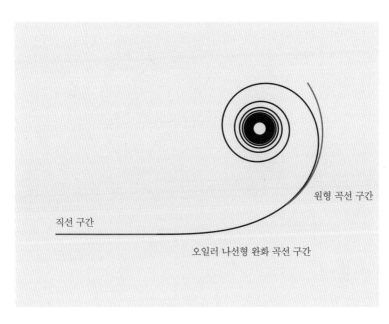

그림 45.13　　철도 선로에서 오일러 나선(검은색)을 이용해 직선 구간에서 곡선 구간으로의 변화를 완화한 경우.

선의 일부를 이용해 직선 구간에서 특정 반지름의 원형 곡선 구간으로의 변화를 완화하는ease(이래 패도 전문 용어다) 것이다(그림 45.13).

　　이런 방법을 역으로 사용하면 곡선 구간에서 다시 직선 구간으로 이어지는 부분의 변화도 완화할 수 있을 것이다. 이는 난해한 수학에 불과한 것이 아니다. 오일러 나선은 실제로 철로의 완화 곡선 구간을 만드는 데 쓰인다. 다음에 기차를 타고 갈 때 곡선 구간에서 커피가 엎질러지지 않거든 이에 대해 한번 생각해 보라. 그것은 좀 전에 얘기했던 프레넬 적분 덕분인지도 모른다.

　　그리고 오일러 나선을 오세베리호나 베그뷔 암각화 속 낫배의 뱃

그림 45.14　오일러 나선에서 *t*가 양수인 부분 및 *t*가 음수인 부분의 일부를 회전한 모양.

머리와 꼭 한번 비교해 보라. 이들은 닮아도 묘하게 닮았다. 그 고대
인들이 오일러 나선에 대해 알고 있었다는 이야기는 아니지만, 분명
히 그들은 곡선을 곡률이 최대한 완만히 변하게끔 그리는 법을 알고
있었을 것이다(그림 45.14).

46

화장지에 관한 고찰

어떤 사람들은 아르키메데스 나선이나 원의 신개선의 경로 길이를 알지 못한다. 도대체 그들이 일상생활을 어떻게 해 나가는지 알다가도 모를 일이다. 그들은 1km 길이의 화장지가 필요할 때 몇 롤을 사야 하는지를 어떻게 알아낼까? 시나몬 롤케익을 만들 때 밀가루 반죽을 얼마나 넓게 펴서 말아야 하는지는 어떻게 알아낼까? 그리고 어떤 오래된 LP 음반의 홈groove 길이는 또 어떻게 알아낼까?

아르키메데스 나선 $r=a\varphi$의 경로 길이를 나타내는 식은 부록 A.2에서 유도한 ds의 일반식을 이용해 다음과 같이 구할 수 있다.

$$ds = \sqrt{r^2 + \left(\frac{dr}{d\varphi}\right)^2}\, d\varphi = \sqrt{(a\varphi)^2 + a^2}\, d\varphi = a\sqrt{1+\varphi^2}d\varphi$$

이 간단한 식을 적분하기는 의외로 어렵다. 우리는 편법을 써서 적분표를 찾아보기로 하자. 그러면 경로 길이를 다음과 같이 총회전 각의 함수 형태로 나타낼 수 있다.

$$s(\Phi) = \frac{a}{2}\left[\Phi\sqrt{1+\Phi^2} + \ln\left(\Phi + \sqrt{1+\Phi^2}\right)\right]$$

여기서는 반지름 R이 50mm고 심이 없는 두루마리 화장지에 대해 생각해 보자(심이 있는 경우로 논의를 확장하는 것은 쉽다). 화장지의 두께 h는 0.1mm라고 하자. 그 화장지의 길이는 얼마나 될까? 화장지가 나선형으로 감겨 있는 바퀴 수(감김 수)가 $R/h = 500$이므로, 총회전각은 $\varphi = 2\pi \cdot 500$, 즉 1000π라디안이다. 우리는 아르키메데스 나선 방정식의 매개 변수 a값도 알아야 하는데, 그것은 $a = h/2\pi$다. 위 식을 이용하면, 우리는 $s(1000\pi) = 78{,}539.890$mm, 즉 78.539890m라는 값을 얻을 수 있다.

우리는 답을 얻긴 했지만, '아주' 정확한 답은 얻지 못했다. 그 이유인즉 우리가 앞의 한 장에서 얘기했듯이 곡선에 수직인 방향으로 측정한 인접부 간의 거리가 일정한 나선의 정체는 아르키메데스 나선이 아니라 (그와 아주 비슷한) 원의 신개선이기 때문이다. 원의 신개선의 경로 길이를 나타내는 식은 다음과 같이 의외로 간단하다.

$$s(\Phi) = \frac{b}{2}\Phi^2$$

여기서 b는 모원母圓의 반지름이다. 원 신개선을 그리기 위해 그 원에서 끈을 한 바퀴 풀 때마다 신개선의 반지름은 $2\pi b$씩 늘어난다. 이 증가분은 당연히 화장지의 두께에 해당하므로, $b = h/2\pi$다. 화장지의 길이는 그 원 신개선의 길이를 계산한 값인 $s = 78{,}539.816$mm다. 아르키메데스 나선으로 얻은 수치와의 차이인 74μm라는 보정값은

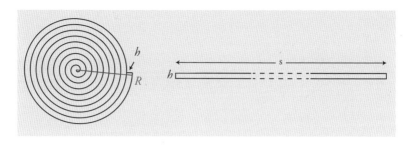

그림 46.1 왼쪽: 두루마리 화장지를 옆에서 본 모양. 넓이가 πR²에 가깝다. 오른쪽: 화장지를 펴 놓고 옆에서 본 모양. 넓이가 sh다.

무시할 만한 수준이 아니다. 게다가 이 방법은 계산도 더 쉬웠다!

우리는 화장지 길이를 다음과 같이 인접부 간격 h와 감김 수 n의 함수로도 나타낼 수 있다.

$$s = \frac{b}{2}\Phi^2 = \frac{h/2\pi}{2}(2\pi n)^2 = \pi h n^2$$

우리 같은 나선 마니아들에게는 유감스러운 일이지만, 아르키메데스 나선과 신개선을 둘 다 전혀 모르고도 같은 결과 값을 얻을 수 있는 아주 명쾌한 방법이 하나 있다. 두루마리 화장지를 옆에서 본 모양을 생각해 보라(그림 46.1). 화장지 끝부분에 작은 단이 하나 있어서 그 옆 모양이 원과 '아주' 똑같진 않지만, 적어도 화장지가 얇다면 우리는 그 넓이의 근삿값을 $A = \pi R^2$으로 계산할 수 있다. 이 넓이는 분명 화장지를 다 풀어서 죽 펴 놓고 옆에서 봤을 때 보이는 엄청나게 길고 가는 직사각형의 넓이, 즉 $A = sh$와 같을 것이다. 그런 두 넓이를 등호로 이으면, $s = \pi R^2/h = 78,539,816$mm라는 값을 얻을 수 있다. 이것은 정말 멋지고 간단한 계산 요령이다.

47

유쾌한 핵미사일 사고

2009년 러시아인들은 불라바Bulava 시험 발사를 5년 전부터 11차례 실시해 온 터였다. 그 신형 대륙 간 탄도 미사일의 제작은 국가의 위신이 걸린 문제이자 막대한 비용이 드는 선행 개발 계획이었던 만큼 반드시 성공해야만 했다. 하지만 일이 잘 풀리지 않고 있었다. 그 시험 발사 중 다섯 번은 보기 좋게 실패한 터였다. 전장 175m의 원자력 잠수함 드미트리돈스코이Dmitry Donskoy호가 또 한 차례의 시험 발사를 준비할 때, 러시아의 차가운 백해白海 상공에는 분명 절박감이 감돌고 있었을 것이다. 2009년 12월 9일 이른 아침의 일이었다.

제1단 로켓이 점화되자 그 살상 무기는 발사되어 대기를 가르며 굉음을 냈다. 제1단 로켓이 연료가 소진되어 분리됐다. 제2단 로켓이 점화됐다가 연료가 소진되어 분리됐다. 이때쯤 그 미사일은 대기권을 벗어나 있었는데, 아마 밑에서는 환호성이 나직나직하게 일고 있었을 것이다. 그러나 제3단 로켓은 못된 짓을 꾸미고 있었으니, 엔지니어들

그림 47.1　2009년 12월 노르웨이 셰르뵈위의 하늘에 나타난 불라바 나선형.

에게 또다시 엄청난 충격을 주고 말 터였다. 제3단 엔진이 점화된 직후에 분사구가 손상되었던지 배기가스를 옆으로 내보냈다. 미사일은 빙글빙글 돌기 시작했다.

　　노르웨이 북부에서는 현지 시간으로 7시 50분쯤 맑은 하늘 아래 사람들이 출근하고 있었다. 그들이 동녘 하늘에서 본 것은 그야말로 세상의 종말이라도 온 듯한 광경이었다. 그 팽창하는 거대한 소용돌이는 정말 뜻밖의 불가해한 현상이었기에 더욱더 무시무시했다. 그래도 셰르뵈위라는 마을의 사진가 얀 페테르 예르겐센Jan Petter Jørgensen은 침착성을 잃지 않고 사진기를 제대로 설치해서 완벽한 사진을 한 장 찍어 냈다(그림 47.1).

말 그대로 통제 불능 상태에서 나선형을 그리고 있던 불라바는 대량 살상 무기에서 예술 작품으로 변해 있었다.

그런 섬뜩한 이미지들은 곧 신문, TV, 특히 인터넷을 통해 전 세계로 퍼졌다. 그 나선 모양은 신비주의자들과 음모론자들의 신경을 건드렸다. 그것이 다른 차원의 세계로 이어지는 웜홀wormhole이라느니 외계인이라느니 '테슬라 살인 광선'이라느니 어떤 다른 극비 실험이라느니 말들이 많았다. 그나마 좀 더 냉정한 해설자들은 그것이 회전하는 혜성이나 유성이지 않을까 하고 추측했다. 얼마 지나지 않아 로켓공학자들이 정확한 설명을 내놓았고, 러시아군 당국에서도 그 내용을 인정했다.

차이가 좀 있긴 하지만 우리는 불라바 나선형을 아르키메데스 나선형으로 간주할 수 있다. 그 나선에 대한 아르키메데스의 정의를 떠올려 보라. 거기서 우리는 한 점을 중심으로 회전하는 직선 위에서 자신이 바깥쪽을 향해 일정한 속력으로 걸어가는 상황을 상상한다. 이는 시선에 수직인 평면 안에서 일정 각속도로 회전 중인 미사일로부터 배기가스가 일정 속력으로 뿜어져 나오는 상황과 비슷하다.

미사일 자체가 빠른 속력으로 이동하고 있었기 때문에, 게다가 나선형의 팽창 속도가 희박한 공기 등의 요인으로 조금 느려지기도 해서였던지, 결과적인 나선형은 아주 완벽하진 않았다. 하지만 그런 현상은 온 세상 사람들을 아주 즐겁게 해 주었다. 아마 백해에 있던 그 개발팀은 예외였겠지만.

밤하늘에도 불라바 나선형과 비슷한 유령 같은 모양이 있다. 바로 거문고자리의 이른바 원시 행성상 성운 IRAS 23166+1655다(그림

그림 47.2   허블 우주 망원경으로 얻은 원시 행성상 성운 IRAS 23166＋1655의 이미지. 해당 중력장 내의 다른 항성들은 이 성운과 물리적으로 관련되어 있지 않다.

47.2). 거기서 AFGL 3068이라는 죽어 가는 탄소성炭素星은 그 별자리의 유명한 고리 성운 같은 행성상 성운이 탄생하기 전 단계에서 먼지와 가스를 방출하고 있다. AFGL 3068은 가까이에 동반성을 하나 두고 있는데, 두 항성은 쌍성으로서 공동의 무게 중심 주위를 공전한다. 두 항성 간의 복잡한 상호 작용 때문에 항성풍이 조금 변화되어서 그 성운은 궤도면에 수직인 방향으로 보면 아르키메데스 나선 같은 모양

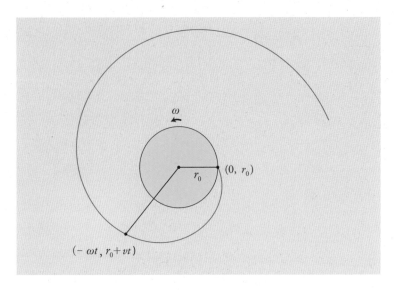

그림 47.3　자전하는 태양의 표면에서 속도 v의 코로나 질량 방출이 일어나면, 아르키메데스 나선 모양의 태양풍이 나타나게 된다(위에서 본 모습).

으로 보인다(Mastrodemos & Morris, 1999).

　아니면 우리 태양계의 태양풍에 대해 생각해 보자. 가령 반지름이 r_0인 태양이 각속도 ω라디안/일로 자전하고 있다고 해 보자(그림 47.3). 그리고 현재 시각($t=0$)에 태양 적도면에 고정된 기준 좌표계의 위도 0, 경도 0인 곳에서 코로나 질량 방출(CME: coronal mass ejection)이 일어난다고도 가정하자. 그러면 지금 태양 표면에서 방출되는 미립자는 태양 적도면에서 극좌표가 $(0, r_0)$인 곳에 있을 것이다. 또 태양풍의 반지름 방향 속도를 v라고 하자. 이는 t일 전에, 즉 CME가 경도 $-\omega t$인 곳에서 발생했을 때 방출된 미립자가 지금 극좌표가 $(-\omega t, r_0+vt)$인 곳에 도달했다는 뜻이다.

미립자의 경로 전체의 모양을 알아내기 위해 좌표를 조금 바꿔 시간을 소거하자. 그냥 $-\omega t$를 φ로 두기만 하면 된다. 그러면 극방정식이 다음과 같은 아르키메데스 나선이 나온다.

$$r = r_0 - \frac{v}{\omega}\varphi$$

'파커 나선Parker spiral'이라 불리는 이 나선은 관측 결과와 꽤 잘 부합한다. 이 나선의 규모에 관해 감을 잡으려면, 다음과 같은 수치를 이용하면 된다. $r_0 = 7.0 \cdot 10^5$km, $\omega = 0.257$rad/day(태양 자전 주기인 24.5일에서 얻은 수치), $v = 400$km/s $= 3.5 \cdot 10^7$km/day(태양풍의 느린 성분의 속도). 그러면 그 나선의 방정식은 다음과 같아진다.

$$r = (7.0 \cdot 10^5 - 1.3 \cdot 10^8 \varphi)\text{km}$$

이 그래프는 φ가 음수인 경우에 한해 그린다. 이 나선의 인접부간 거리는 약 $8 \cdot 10^8$km로, 목성의 궤도 반지름과 비슷하다.

만약 CME의 근원지가 태양 적도에 있지 않다면, 반지름 방향의 속도야 더 작겠지만, 태양 자전축과 평행한 속도 성분도 존재할 것이다. 그 결과로는 우리가 앞서 살펴본 타워 크레인 나선형과 비슷한 입체 나선 모양이 나타날 것이다.

48

살리그람실라와
비슈누의 손

비할 데 없이 아름다운 공주 툴라시Tulasi는 다름 아닌 우주 유지신 비슈누Vishnu를 남편으로 맞이하길 꿈꾸었다(툴라시 tulasi는 견줄 데가 없다는 뜻이다). 우주 창조신 브라흐마Brahma는 툴라시에게 비슈누의 사랑을 영원히 받게 해 주겠다고 약속했지만, 그전에 먼저 그녀가 고행의 길을 걸어야 한다는 조건을 붙였다. 그녀는 요괴 상카추다Sankhachuda와 결혼하게 되었는데, 실은 상카추다도 고행으로 헌신적인 삶을 살아 온 터였다. 그래서 브라흐마는 상카추다에게도 선물을 하사했다. 툴라시가 상카추다에 대한 신의를 지키는 한 상카추다가 전투에서 절대 패하지 않게 해 주겠다는 것이었다. 언뜻보면 그런 약속은 큰 실수 같았다. 상카추다가 몹시 난폭해져서 사람들과 반신반인들을 공포의 도가니로 몰아넣었기 때문이다. 그 무엇도, 심지어 우주 파괴신 시바Shiva도 툴라시가 정조를 지키는 한은 상카추다의 난동을 멈출 수가 없었다. 비슈누는 어쩔 수 없이 어려운 결단을 내렸다. 공익을 위해 도의를 잠시 저버리기로 한 것이다. 그는 상카추다의 모습을 하고서 툴라시의 침실에 슬그머니 들어갔다. 이제 브라흐마의 계획대로 일이 풀려 갔다. 툴라시의 정절이 깨졌고, 상카추다가 곧바로 싸움터에서 목숨을 잃었다. "저를 속이고 제 남편을 죽이셨군요!" 툴라시가 화를 내며 부르짖었다. "당신 심장은 돌로 만들어졌나 보군요. 당신을 저주할 수밖에 없네요. 당신이 지상에 남아 땅과 하나가 되어 버렸으면 좋겠어요!" 비슈누는 이에 멋지게 답해 주었다. "이제 네 고행의 결실을 거둘 때가 되었다. 너는 육신을 떠나 신이 되어 언제나 나와 함께 있으리라. 네 육신은 간다크강이 되고, 네 아름다운 머리는 자잘한 나무 수백만 그루가 되어 툴라시라고 불리게 되리라. 그리고 나는 네 저주를 받아들여 간다크강 기슭의 수많은 돌이 되겠노라."

그날 이후 비슈누를 최고신으로 섬기는 힌두교도들, 즉 비슈누교도들은 네팔의 간다크강 기슭에서 신성한 돌 살리그람실라shaligram-shila를 수집해 비슈누의 화신으로 여기며 숭배해 왔다. 그런 돌은 인도 곳곳의 힌두교 성지에서 볼 수 있다. 살리그람실라는 기묘한 모양의 반짝이는 칠흑색 쥐라기 석회암인데, 그런 돌에서 반경 40km 이내의 지역은 신성한 곳으로 여겨진다. 살리그람실라는 몇 가지 정교한 분류 체계에 따라 명명된다. 그중 《브라흐마 바이바르타 푸라나 Bhagavata-Purana》(힌두교 경전)에 나오는 한 체계에 따르면, '라나라마 Ranarama'는 "원형 자국 두 개와, 화살이 여럿 담긴 화살통 모양의 자국 하나가 있는 중간 크기의 둥근" 돌이다. 그 "원형 자국"은 갈비뼈와 등뼈 모양의 돌기가 있는 굉장히 아름다운 나선형으로, 상당수 혹은 대다수의 살리그람실라에서 볼 수 있다. 고생물학자들에게 이것

그림 48.1   비슈누가 위 오른손에는 수다르사나 차크라를, 위 왼손에는 상카를 들고 있다.

들은 '암모나이트'다. 비슈누교도들에게 이것들은 수다르사나 차크라 Sudarshana Chakra, 즉 비슈누의 위 오른손에 들린 바퀴 같은 신비한 무기의 화신이다(그림 48.1). 톱니가 108(9×12)개 있는 그 무기는 테두리에 톱니형 돌기가 있는 암모나이트 껍데기와 조금 닮았다.

비슈누의 위 왼손에는 우리에게 흥미로운 또 다른 성물聖物 '상카Shankha'가 들려 있다. 상카는 투르비넬라 피룸*Turbinella pyrum*이라는 큼직한 소라고둥의 껍데기로, 길이가 22cm에 이르기도 한다. 예로부터 인도에서 악기로 쓰여 온 상카는 비슈누교도들에게 가장 신성한 물건으로 여겨지며, 고대 힌두교 경전에서도 여러 차례 언급된다. 그것을 불면 '옴Om' 하는 태고의 창조의 소리, 비슈누의 숨소리가 난다. 상카는 두 가지로 구분되는데, 흔한 오른돌이형은 바마바르타Vamavarta 상카라고 불리며 시바와 관련되고, 매우 희귀한 왼돌이형인 다크시나바르타Dakshinavarta 상카는 비슈누 및 그의 아내 락슈미Lakshmi와 관련된다. 이런 구분 방식이 힌두교도들 사이에서 얼마나 확고히 자리 잡았는지는 잘 모르겠다. 비슈누 그림을 보면 그가 바마바르타를 들고 있는 경우가 많기 때문이다.

《바가바드기타*Bhagavad-Gita*》(BC 200년경)의 맨 첫 부분을 읽어 보면 전쟁 나팔로서 상카의 이미지가 떠오른다.

크리슈나Krishna[■]는 판차자냐Pancajanya란 고둥 껍질을 불고, 아르주나 Arjuna[■■]는 데바닷타Devadatta란 고둥 껍질을 불고,

---

[■] 힌두교에서 최고 신이자 비슈누 신의 여덟 번째 화신으로 숭배된다.
[■■] 힌두 서사시 《마하바라타*Mahabharata*》의 주인공으로, 크리슈나와 함께 대표적인 인도의

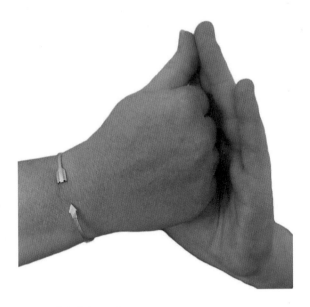

그림 48.2   오른돌이형 상카 문드라.

엄청난 용기를 불어넣어 주는 브히마Bhima[■]는 파운드라Paundra란 큰 고
둥 껍질을 불었습니다.

인도의 고전 무용 바라타나티암Bharathanatyam에서는 50여 가지
'문드라mundra'라는 손동작을 사용한다. 그중 '상카 문드라'는 멋진
동작이다. 왼손 엄지손가락을 오른손으로 잡아 보라. 그다음에는 왼

지략형 영웅이다. 하스티나푸람의 왕 판두가 두 왕비 야다브, 마드리와의 사이에 낳은 판다바 5
형제 중 셋째다.《마하바라타》는 판다바 5형제가 사촌들인 카우라바들과 싸워 무찌르는 쿠루크
셰트라 전쟁 이야기다.
■ 《마하바라타》의 판다바 5형제 중 둘째다. 강력한 힘의 소유자로, 주무기는 철퇴다.

손의 나머지 손가락들을 모아서 곧게 편 채로 왼손 집게손가락을 오른손 엄지손가락에 갖다 대어 텐트 같은 모양을 만들어 보라. 당신의 맞은편에서 보이는 면(그림 48.2)은 이제 입구가 오른쪽에 있는 꽤 그럴듯한 고둥 껍데기 모양, 즉 우권 껍데기, 바마바르타 상카, 시바의 나팔 모양을 이루고 있다. 반대로 오른손 엄지손가락을 왼손으로 잡으면 다크시나바르타 상카, 즉 비슈누의 나팔 모양을 만들 수 있다. 혹시 패류학자들의 파티에 가게 되거든 이런 재주를 한번 부려 보시라. 목이 아플 때 이렇게 하면 좋다는 설도 있다.

49

최고의 나선형을 찾아서

참으로 이상한 나선 이야기 가운데 하나는 이오니아식 소용돌이 장식에 관한 것이다. 고대 그리스인들의 우아하디우아한 창작물 중에서 이 나선은 끝없이 혼란과 논란과 좌절감을 불러일으켜 왔다. 이런 소란은 고대 로마에서 시작되어 르네상스기에 급증했다. 그때 이후로도 상황이 악화되기만 하다 보니, 지금도 이 문제를 여전히 이해할 수가 없는 실정이다. 나선형에 대한 우리의 집착을 이보다 더 잘 보여 주는 실례는 없다(그림 49.1).

고대 그리스인들은 지붕을 뭔가로 떠받쳐야 했기에 기둥을 만들었다. 물론 그리스인답게 그들은 그것을 장식하지 않곤 못 배겨서 맨위에다 이른바 '기둥머리'를 올렸다. 그런데 그리스의 기념비적 건축물들은 대부분 몇 가지 안 되는 스타일, 즉 '양식' 중 하나로 지어졌다. 그런 양식들은 말하자면 여러 양식적 요소를 미리 이러저러하게 조합해 놓은 세트, 이를테면 어떤 워드 프로세싱 프로그램과 프레젠테이션 소프트웨어의 '테마'와도 조금 비슷한 것이었다. 여기서 우리

그림 49.1　BC 415년경 아크로폴리스에 지어진 에레크테이온Erechtheion 신전의 이오니
아식 기둥머리. 대영박물관에 소장되어 있다.

의 관심사는 이오니아 양식인데, 그 양식의 기둥머리 옆 부분에서는
멋들어진 '소용돌이 장식volute'들이 '들보받침판abacus'이란 맨 위 판
아래로 드리워져 있었다.

　당연하게도 로마인들은 그리스의 그런 이오니아식 소용돌이 장
식을 모방하려 애썼다. 그래서 고전기 로마 건축물 중에는 그 예가 셀
수 없을 정도로 많다. 다행히도 BC 25년경에 로마의 건축가 비트루
비우스는 《건축 10서》라는 훌륭한 건축 전문서를 썼다. 르네상스기
에 또다시 고대 그리스 · 로마의 유물을 세세히 모방하려고 달려들었
던 건축가들은 비트루비우스의 그 책을 신줏단지 모시듯 했다.《건축

10서》의 제3권에는 지름이 8단위인 이오니아식 소용돌이 장식을 만드는 방법이 실려 있는데, 그 내용은 다음과 같다.

그다음에는 앞서 들보받침판 가장자리를 따라 아래로 그어 놓은 선에서 안쪽으로 1.5단위 들어와 또 다른 선을 긋는다. 그리고 이런 선들을 분할해 들보받침판 바로 밑에 4.5단위가 남아 있게 하고, 4.5단위와 나머지 3.5단위를 분할하는 점을 눈의 중심으로 정하고, 그 중심으로부터 지름이 8단위 중 1단위와 같은 원을 하나 그린다. 이것이 눈의 크기가 될 텐데, 그 중심점을 지나는 지름 하나를 '수직선cathetus'을 따라 그린다. 그다음에 사분도형들을 그릴 때는 들보받침판 바로 밑에서부터 각 사분도형의 크기가 눈 지름의 절반만큼씩 잇달아 줄어들게 하는데, 눈 중심을 지나도록 그어 놓은 지름에서부터 시작해서 결국 들보받침판 바로 밑의 그 사분도형에 이를 때까지 그렇게 한다.

언뜻 보면 이는 비교적 명쾌한 설명인 듯하다. 여기서는 나선을 맨 위에서부터 그리는데, 첫 4분의 1바퀴는 반지름이 4.5단위다. 그다음에는 각 4분의 1바퀴마다 반지름이 0.5단위씩 줄어들게 하다가 결국 다시 들보받침판 바로 밑에 이르게 된다. 그 한가운데에는 지름이 1단위인 눈이 있어야 한다. 우리도 한번 그려 보자(그림 49.2).

이 모양은 별로 좋아 보이지 않는다. 르네상스기의 건축가들은 어안이 벙벙해졌다. 혹시 비트루비우스가 뭔가 잘못 알고 있었을까? 그럴 리가! 하지만 어쩌면 그의 설명이 조금…… 부정확한 것이 아닐까? 이렇게 되자 1500년대 초에 대혼란이 일어났는데, 그런 소동은

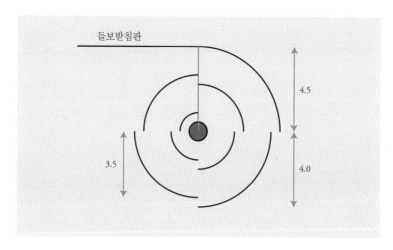

들보받침판

4.5

3.5

4.0

그림 49.2 　비트루비우스의 설명대로만 그린 그림.

몇 세기 동안 계속되었다. 무수한 학자들이 이 문제에 대해 곰곰이 생각해서 저마다 기발한 해법을 찾아냈다.

　사실 비트루비우스의 글 어디에도 우리가 반드시 원호를 사용해야 한다는 내용은 없다. "사분도형quadrant들"[■]을 그리라는 그의 말은 어쩌면 자나 컴퍼스 따위를 안 쓰고 해당 도형을 그리며 크기를 어느 정도는 재량에 따라 연속적으로 줄여 가라는 뜻인지도 모른다. 게다가 그 글은 한 바퀴 돈 후에 이어서 한 바퀴를 더 돌아 눈까지 가라는 뜻이 아니라, 한 바퀴 돈 후에 (들보받침판 바로 밑에서) 작도를 멈추라는 뜻으로 해석할 수도 있다. 만약 정말 그런 뜻이라면, 안쪽 소용돌이 모양의 디자인은 장인의 재량에 맡겨진 셈이다. 하지만 르네상

■ 'quadrant'는 보통 사분면 내지 사분원을 뜻하지만, 여기서는 저자의 설명에 부합하도록 다소 모호하게 옮길 필요가 있어서 '사분도형'이라고 했다.

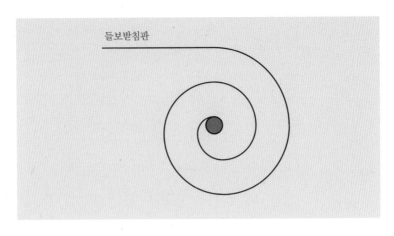

들보받침판

그림 49.3   사분원들의 중심을 적당히 움직여 그 원호들이 계속 이어지게 한 경우.

스 초기의 해석자들은 그 사분도형이 곧 사분원이고 그 규칙이 눈에
이르기까지 계속 적용되리라고 생각했는데, 그럴 만도 했던 것이 그
렇게 하면 컴퍼스를 사용해 작도를 정확하게 할 수 있기 때문이다. 한
가지 안이한 해결책은 그냥 사분원들의 중심을 이리저리 적당히 움직
여서 나선이 계속 이어지게 하는 것일 듯하다. 어쨌든 비트루비우스
가 사분도형들의 중심에 대해서는 구체적으로 명시하지 않았으니까
(그림 49.3).

　이는 공학적으로 그럭저럭 괜찮은 해법이지만, 이 나선은 아르키
메데스 나선에 가까운 데다 별로 예쁘지도 않다. 정확히 말하면 이것
은 정사각형의 신개선이다. 개집에 묶어 둔 강아지 이야기를 기억들
하시는지?

　르네상스 초기의 소용돌이 장식 작도 규칙 중 하나는 이탈리아

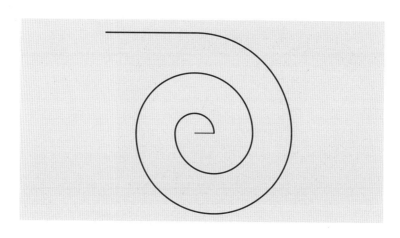

그림 49.4   알베르티의 소용돌이 장식(1452). '곧은 선분'의 신개선에 해당한다.

의 철학자이자 건축가인 레온 바티스타 알베르티Leon Battista Alberti가
《건축론*Architecture*》(1452)에서 이야기한 규칙이다. 그 형태는 곧은 선
분의 신개선, 즉 선분의 양 끝점을 번갈아 중심으로 삼아 일련의 반원
을 이어 그려 만드는 도형이다. 그 모양은 끔찍해 보인다(그림 49.4).

　반면에 고전기 유적을 면밀히 연구한 르네상스기 건축가들은 그리
스인들이 소용돌이 장식의 눈으로 접근하면서 나선형 인접부 간의 '거
리'를 줄여 마치 고둥 껍데기와 같은 모양을 만들었다는 사실을 깨달았
다. 하지만 로그 나선의 발견은 아직도 미래의 일이었다. 그 대신 학자
들은 점점 더 복잡한 알고리즘을 개발해, 비트루비우스의 기본 비율을
유지하되, 눈으로 접근하면서 복잡한 방식으로 원호 길이를 줄이고 원
호 중심을 움직여 반지름을 감소시켰다. 그중 몇몇 방법, 이를테면 르
네상스의 주요 건축가 세바스티아노 세를리오Sebastiano Serlio(1537)와

그림 49.5　왼쪽: 1874년에 노르웨이의 외스트레 프레드릭스타Østre Fredrikstad 교회를 지을 때 신고전주의 양식을 가미해 만든 이오니아식 소용돌이 장식. 오른쪽: 1770년에 코펜하겐에서 만든 시계의 장식 일부.

화가 주세페 살비아티Giuseppe Salviati(1552)가 내놓은 방법 등은 꽤 성 공적이어서 고둥 껍데기와 비슷한 상당히 우아한 소용돌이 장식을 낳았다. 데니제 안드레이Denise Andrey와 미르코 갈리Mirko Galli(2004)는 초기의 이런 갖가지 시도에 대해 명쾌하고 설득력 있게 설명해 준다. 새로운 방법은 바로크 시대에도 계속 나왔다(그림 49.5).

　이오니아식 소용돌이 장식의 발달에 관한 현대 문헌들의 내용은 혼란스럽다. 사람들 입에 자주 오르내리는 '추측성' 일설에 따르면, 진짜 그리스 소용돌이 장식은 사실상 로그(등각) 나선 모양이었다고 한다. 한 책(Hersey, 2000)에서는 심지어 앞서 설명했던 비트루비우스의 소용돌이 장식이 등각 나선이라고 주장하기까지 한다. 하지만 우리가 아는 한 고대 그리스인들은 로그 나선에 대해 알지 못했고 그런 나선을 그릴 줄도 몰랐다. 사실상 그리스 소용돌이 장식은 온갖 형태를 띠는 듯한데, 개중에는 아르키메데스 나선 모양도 있다. 그런 온갖 형태의 대부분이 로그 나선과 조금 닮은 것은 사실이지만, 이는 아마도 장인의 솜씨와 미의식과 균형 감각 때문이지 수학 때문은 아닐 듯싶다.

이와 관련하여 끊임없이 언급되는 또 다른 일설은 '실로 감은 쇠고둥'에 대한 이야기다. 이 기발한 아이디어는 영국의 건축가 배니스터 F. 플레처Banister F. Fletcher가 1900년경에 처음 떠올린 듯한데, 인기 많은 그의 저서 《건축사A history of architecture》에 잘 설명되어 있다. 실 한 오라기로 쇠고둥 껍데기(혹은 다른 뿔나선형 복족류 껍데기)를 입구에서부터 뾰족한 끝부분(각정殼頂)까지 감아 보라. 그리고 실에서 각정에 이른 부분으로 연필 끝을 묶은 후, 각정을 아래로 향하게 해서 종이에 갖다 대라. 그다음에는 껍데기를 안 움직이도록 잘 잡고서, 실을 팽팽히 당기며 풀어 가라. 그러면 연필은 멋진 소용돌이 장식 모양을 하나 그리게 될 것이다('이론'상으로야 그렇지만, 실제로 해 보면 쉽지 않을 수도 있다). 사실 우리는 로그 나선형 껍데기의 '신개선'을 그리고 있는 셈인데, 그 신개선은 우리가 앞의 한 장에서 확인했듯이 마찬가지로 로그 나선일 것이다. 플레처의 영향력 있는 책 때문에 이 강력한 밈meme이 꽤 확고히 자리 잡다 보니, 고대 그리스인들이 바로 이런 요령으로 이오니아식 소용돌이 장식을 만들었다는 것이 사실로 받아들여지고 있다. 하지만 안타깝게도 우리에게는 이를 뒷받침할 만한 증거도 없다.

충격적인 진실은 그리스인들이 소용돌이 장식 모양을 그냥 손으로만 그렸다는 것일지도 모른다.

50

참 이상한 물고기

우랄산맥 동쪽에는 카르핀스크Karpinsk라는 도시가 있다. 달에는 카르핀스키Karpinsky라는 크레이터가 있다. 이들은 둘 다 러시아 과학원 초대 원장 알렉산드르 카르핀스키Alexander Karpinsky(1847~1936)의 이름을 따서 명명한 곳이다. 카르핀스키는 바로 기묘한 화석 헬리코프리온*Helicoprion*에 대해 최초로 기술한 인물이었다.

고생물학자로서 나는 가끔 이런 질문을 받는다. 공룡들은 왜 그렇게 컸나요? 나는 조금 상충하는 두 가지 답을 준비해 놓았는데, 이런 답에 질문자들은 좀처럼 만족하지 못한다. 첫째, 지금도 아주 큰 동물들이 더러 살고 있다. 일례로 흰긴수염고래를 생각해 보라. 공룡들은 그보다 별로 더 크지 않았다. 둘째, 만약 크기가 그냥 시간의 흐름에 따라 무작위로 달라진다면, 오늘날보다 동물들이 컸던 시기가 과거에 있었을 법도 하지 않은가. 현존하는 동물들이 역대 최고로 커야 할 이유는 딱히 없다. 우리는 '이상함'에 대해서도 비슷한 질문을 할 수 있

그림 50.1　헬리코프리온이라는 상어류의 소용돌이형 치열.

다. 멸종한 동물들 가운데 일부는 왜 그렇게 이상할까? 첫째, 지금도 아주 이상한 동물들이 더러 살고 있다. 일례로 인간을 생각해 보라. 둘째, 만약 이상한 정도가 시간의 흐름에 따라 무작위로 달라진다면, 과거에 좀 더 이상한 동물들이 있었을 법도 하지 않은가. 현존하는 동물들이 역대 최고로 이상해야 할 이유는 딱히 없다.

　어쨌든 헬리코프리온은 내 이상한 멸종 동물 목록에서 높은 순

위를 차지하고 있다. 일반적으로 이 동물의 몸 중에서 발견되는 부분은 로그 나선형으로 배열된 이빨뿐인데, 그런 나선형은 지름이 20여 cm에 이르기도 한다. 전문가들의 말에 따르면, 그런 이빨은 분명히 상어나 그와 유연관계가 깊은 물고기의 것이고, 해당 어류는 약 2억 7000만 년 전의 페름기에 살았다. 하지만 의견이 일치하는 부분은 딱 거기까지다. 이 기이한 구조는 그 상어류의 몸 중에서 어디에 위치했을까? 아마도 입 속에 있었을 듯싶지만, 턱 앞부분이나 목구멍에 있었을 가능성도 있다. 언뜻 생각하면 이빨이 처음에 나선형 중심부에서 생겨난 후 차차 자라면서 바깥쪽으로 밀려 나가다가 결국 닳아서 빠졌을 듯도 싶지만, 전문가들은 그 과정이 정반대로 진행되었다는 데 동의하는 듯하다. 즉 큰 새 이빨이 가장 바깥쪽의 끝부분에서 생겨나 그보다 오래되고 작은 이빨들을 뒤쪽으로 그리고 나선형 안쪽으로 밀어 보냈다는 것이다(그림 50.1).

유별나게 잘 보존되어 턱이 부분적으로 남아 있는 한 화석의 CT 스캔 결과로 미루어 보면, 그 나선형은 아래턱을 거의 꽉 채우고 있었던 것 같다(Tapanila et al., 2013). 게다가 그런 스캔 결과에 따르면 헬리코프리온은 진짜 상어류가 아니라 그와 유연 관계가 가까운 전두류, 즉 은상어류에 속했는지도 모른다. 은상어류는 지금도 살고 있는데, 이상하게 생겼다고 해도 절대 과언이 아니다. 나는 7m 길이의 은상어가 로그 나선형 입을 갖고 있다는 것이 정말 마음에 든다. 지금으로서는 이 정도가 가장 이상한 축에 낀다.

51
마음속의 나선형들

현대의 과학윤리위원회는 하인리히 클뤼버Heinrich Klüver를 달갑게 여기지 않았을 것이다. 그는 보통 독일인 심리학자 하면 떠오르는 모습 그대로의 독일인 심리학자로 프로이트 스타일의 안경을 쓰고 지나치게 짙은 눈썹을 하고 있었다. 1920년대에 그는 오우옥peyote 선인장에 들어 있는 환각제 메스칼린mescaline을 자신뿐만 아니라 수많은 실험 자원자들에게도 투여했다. 오우옥은 예로부터 아메리카 원주민들이 주술적 용도로 사용했는데, 올더스 헉슬리Aldous Huxley의《인식의 문*The Doors of Perception*》이란 책 때문에 유명해졌다.

클뤼퍼가 꼼꼼히 기록해 놓은 아주 흥미로운 결과 중 하나는 몇 가지 특정 기하학적 무늬가 보이는 환각 현상을 여러 실험에서 여러 피험자들이 일관되게 체험했다는 것이었다(Klüver, 1966[1928]). 그는 그런 무늬들을 크게 네 유형으로, 즉 다음과 같은 네 가지 '불변형form constant'으로 분류했다. 터널, 거미집, 격자, 그리고…… 나선형. 추후의 몇몇 실험에서는 격자무늬도 어찌 보면 나선형으로 보일 때가 많다는 점이 부각되었다. 다른 연구자들은 변성 의식 상태를 유발하는 다음과 같은 갖가지 원인들도 똑같은 네 가지 불변형이 보이게 할 수 있음을 알아냈다. 다른 약물, 극도의 피로, 장시간에 걸친 율동적인 몸동작, 질환 등등. 임사 체험을 한 사람들 중 일부는 '빛의 터널'을 보았다고 말한 바 있다.

고고학자 J. 데이비드 루이스 윌리엄스J. David Lewis–Williams와 토머스 A. 다우슨Thomas A. Dowson은 영향력 있는 한 논문(1988)에서 전에 클뤼퍼에게도 떠올랐던 한 가지 생각을 전개했다. 널리 알려진 바대로 여러 초기 문명에서 주술 의식이 성행했다면, 환각적인 불변형들이 원시 종교의 중요한 요소였을 가능성도 있지 않을까? 어쩌면 구석기, 신석기, 청동기 시대의 암각화에서 아주 흔히 볼 수 있는 그물 모양과 나선 모양은 트랜스 상태에서 본 신비로운 환영을 묘사한 것일 수도 있지 않을까? 이는 확실히 매력적인 가설이다.

이 이야기에는 또 다른 흥미진진한 반전이 있다. 뇌의 시각 정보처리 과정을 연구하는 신경학자들은 불변형이 나타나는 이유를 설명할 좋은 방법을 자신들이 알아냈다고 생각한다(Bressloff et al., 2001). 이 이론은 매우 명쾌하다. 먼저 알아 둬야 할 사실은 이것이다. 대뇌 피질의 뒷부분에는 눈의 망막에 맺힌 상을 반영하는 패턴으로 신경세포들이 활성화되는 영역이 있다. 문제를 단순화하기 위해 우리는 V1이란 이 영역을 2차원 평면으로 생각할 수 있다. 연구자들은 V1 위의 신경 세포들 간의 상호 관계에 관한 모형을 만들고서, 신경계 내의 노이즈에 대한 반응으로 어떤 무늬들이 저절로 형성될(자기 조직화 self–organization될) 수 있다고 추정했다. 그런 줄무늬, 점무늬 구조(그

그림 51.1   시각 피질에서 저절로 형성될 수 있는 무늬 중 두 가지를 대충 나타낸 모형.

림 51.1)는 물리학과 생물학에서 연구하는 다른 패턴 형성 방식들(튜링 패턴)과 관련하여 잘 알려져 있으므로 별로 놀랍지 않다.

　그런데 이들은 메스칼린이나 LSD를 복용했을 때 보이는 무늬가 결코 아니다. 그 이유인즉 망막에 맺힌 상은 그대로 V1로 옮겨지는 것이 아니라, 간단한 수식으로 모형화할 수 있는 어떤 변환을 거쳐 왜곡되기 때문이다. 극좌표가 (r, φ)인 망막의 한 점은 V1에서 직교 좌표가 $x=\ln r$, $y=\varphi$인 점으로 변환된다. 이는 희한하게도 복소 로그의 정의이기도 하다. 즉 망막과 V1을 복소평면으로 보면, 망막의 점 $z=a+bi$는 그냥 V1의 점 $\ln z$로 변환되는 셈이다. 로그 함수는 r이 커지면 기울기가 완만해지므로, V1에서는 망막 중심부가 변환된 부분이 망막 주변부가 변환된 부분보다 더 넓다.

　뇌가 V1의 어떤 무늬를 해석할 때는 사실상 망막에서 V1로의 변환을 역으로 수행해야만 우리가 '현실 세계'를 원래의 기하학적 구조

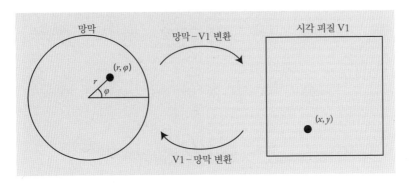

그림 51.2   망막과 시각 피질 사이에서 일어나는 기하학적 변환.

대로 체험할 수 있다. 이 역함수는 V1의 직교 좌표 (x, y)에서 '현실 세계'의 극좌표 $r=e^x$, $\varphi=y$로의 사상이다(그림 51.2).

　　이제 좀 재미있는 부분으로 넘어갈 준비가 됐다. 가령 V1에서 활성화된 신경 세포들이 세로 좌표가 $y=k$로 일정한 곧은 수평선을 이루고 있다고 해 보자. 무엇이 보이겠는가? V1에서 망막으로 변환이 일어난다고 생각해 보면, $r=e^x$, $\varphi=y$라는 좌표를 얻을 수 있다. 바꿔 말하면, V1에서 한 점이 수평선을 따라 일정 속력으로 나아갈(x좌표가 증가할) 경우, 망막의 극좌표에서는 한 점이 각도가 k인 방사 방향의 직선을 따라 바깥쪽으로 나아가며 속력이 지수적으로 증가할 것이다. 그렇다면 앞에 나왔던 V1의 자기 조직화 무늬 중에서 세로 좌표가 $y=k$, $y=2k$, $k=3k$ 등으로 일정한 일련의 평행·수평선에 대해 생각해 보자. 무엇이 보이겠는가? 만약 그런 선들에 두께가 어느 정도 있다면, 이런 모양을 보게 될 것이다(그림 51.3).

　　이것은 빛의 터널로 네 가지 불변형 중 하나에 해당한다. 이 그림

그림 51.3   시각 피질에 '수평선'이 여러 개 있을 때 우리가 인식하게 되는 무늬(터널).

은 심지어 세세한 부분까지도 약물 실험'결과와 잘 부합한다.

　　V1에 수직선이 있으면, 우리는 다른 이미지를 보게 된다. 이제 V1에는 $x=k$가 있다. 그렇다면 망막의 극좌표로는 $r=e^k$, $\varphi=y$를 얻을 수 있다. V1에서 한 점이 수직선을 따라 나아갈(y좌표가 증가할) 경우, 망막의 극좌표에서는 원이 하나 그려질 것이다. 그러므로 V1에 수직선 여러 개가 일정 간격으로 있다면, 우리는 반지름이 지수적으로 증가하는 일련의 동심원을 보게 될 텐데, 이런 모양 또한 터널과 비슷하

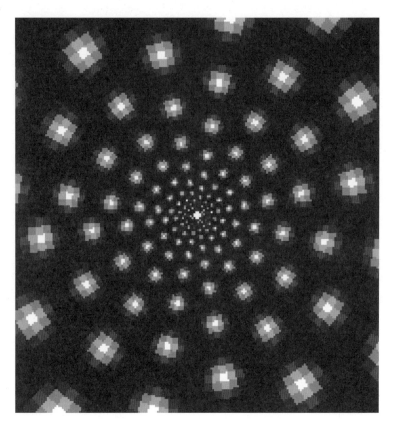

그림 51.4　시각 피질에 '점'이 잔뜩 있을 때 우리가 인식하게 되는 무늬(나선형 격자). 부록 B에 프로그램 코드가 있다.

게 보일 것이다. 또 다른 불변형인 거미집은 V1의 또 다른 자기 조직화 무늬인 직교 격자에서 비롯할 것이다. 이 경우에 우리가 거미집 모양을 인식하게 되는 이유는 (V1의 여러 수평선에서 비롯한) 방사 방향의 여러 선과 (V1의 여러 수직선에서 비롯한) 여러 동심원이 겹쳐져 있기 때문이다.

그림 51.5 　왼쪽: 시각 피질에 '사선'이 여러 개 있는 경우. 오른쪽: 그런 사선이 망막의 극좌표로 변환된 결과.

　　이제 앞에 나왔던 두 번째 자기 조직화 무늬, 즉 육각형 점무늬에 대해 생각해 보자. 거기서 여러 가로줄을 이루는 점들은 망막의 극좌표에서 다음과 같이 방사 방향의 여러 줄을 이루는 점들로 변환될 것이다(그림 51.4).

　　이것은 격자로 세 번째 불변형에 해당한다. 한편으로 이것은 둥근 테셀레이션 모양이기도 해서, 앞의 한 장에서 보았듯이 로그 나선형을 여럿 품고 있다. 만약 V1의 점무늬가 조금 돌아가 있다면, 나선형들이 훨씬 뚜렷이 보일 것이다.

　　끝으로 V1에 사선이 하나 있다고 생각해 보자. 직교 좌표에는 $x = ky$가 있는데, 여기서 k는 그 선의 각도를 결정하는 기울기 계수다. 그렇다면 망막의 극좌표로는 $r = e^{ky}$, $\varphi = y$, 바꿔 말하면 $r = e^{k\varphi}$을 얻을 수 있다. 지금쯤이면 이 방정식을 알아볼 수 있을 것이다. 바로 로그 나선이다! 이는 마지막 불변형에 해당한다(그림 51.5).

만약 이 책에서 나선형을 볼 때마다 어지러웠다면, 이는 망막·피질 변환 때문인지도 모른다. 어떤 로그 나선을 보고 있을 때, 그 도형은 우리 시각 피질에 하나의 직선으로 변환된다. 어쩌면 그 한 직선의 단순성이 신경계에 유난히 강렬한 반응을 불러일으켜서 우리가 어질어질하고 울렁울렁하며 아찔아찔한 느낌을 받게 되는 것이 아닐까?

52

거미의 나선형 집

왕거미는 거미집을 둥글게 지을 때 나선형 무늬를 만든다. 그런 나선형은 로그 나선 모양이라고 많은 사람들이 주장해 왔다. 아마 가장 먼저, 필시 가장 거침없이 그렇게 주장한 사람은 바로 프랑스의 곤충학자 장 앙리 파브르Jean–Henri Fabre(1823~1915)였을 것이다. 《거미의 삶The Life of the Spider》에서 그는 왕거미 에페이라 Epeira(이제는 더 이상 유효한 라틴어 학명으로 여겨지지 않는다)의 '로그 나선형' 집에 관해 상세히 이야기한다(그림 52.1).

> 그러니 에페이라는 암모나이트와 황제앵무조개의 기하학적 비밀을 훤히 알고 있는 셈이다. 이 거미는 그런 연체동물에게 소중한 로그 나선을 좀 더 단순한 형태로 이용한다.

지금껏 이 주장의 진위를 따져 볼 필요가 있다고 생각한 사람은 거의 없었다. 유감스럽게도 이 주장은 완전히 틀린 것으로 밝혀졌다.

그림 52.1   장 앙리 파브르(1823~1915).

권위자를 믿지 마시라(차라리 나를 믿으시라).

둥근 거미집은 서로 조금 다른 두 가지 나선형으로 구성된다. 거미는 우선 보조망(임시망)을 꽤 성기게 바깥쪽으로 짠다. 이는 제대로 된 '포획망'을 짜기 위한 비계에 불과하다. 포획망은 훨씬 촘촘하게 안쪽으로 짠다. 동물학자 프리츠 볼라스Fritz Vollrath Vollrath와 W. 모렌W. Mohren(1985)은 둥근 거미집의 세부 길이를 신중히 측정한 후, 포획망은 (인접부들의 간격이 일정한) 아르키메데스 나선형에 가까우나 보조망은 중심에서 멀어질수록 인접부들의 간격이 넓어진다고 판단했다. 그래서 그들은 보조망이 로그 나선에 가깝다고 생각했다. 사실 그들의 데이터에 따르면 그 간격은 회전각이 증가함에 따라 좀 더 선형적으로 증가한다. 이는 다음과 같이 반지름이 회전각의 제곱에 비례하는 나선의 속성이다.

$$r = k\varphi^2$$

그림 52.2   거미줄의 보조망과 비슷한 갈릴레이 나선 $r = \varphi^2$.

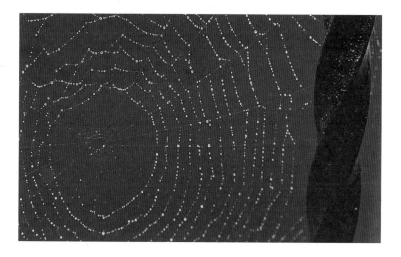

그림 52.3   우리 집 정원에 지어진 거미줄 포획망의 세부. 적어도 비교적 고른 부분들은 아르키메데스 나선과 비슷하다. 오른쪽의 연철 막대는 사중 입체 나선형이다.

이 나선은 '갈릴레이 나선'이라고 부르기도 한다(그림 52.2).

파브르는 멋진 모자를 가지고 있었지만, 이 문제의 수학적인 부분에 대해선 완전히 헛다리를 짚었다(그림 52.3).

53

뒤틀린 나무에 얽힌 수수께끼

왜 나무들은 뒤틀려 있을까? 정도야 천차만별이지만, 나무에 들어 있는 섬유질은 '나선 목리spiral grain'라는 입체 나선형 패턴으로 배열된다. 보통 나무껍질이 벗겨졌을 때나 나무가 혹한이나 가뭄으로 갈라졌을 때 매우 뚜렷이 보이는 그런 나선형은 나무껍질 자체에서도 볼 수 있는데 오래된 나무의 껍질에서는 특히 더 쉽게 알아볼 수 있다(그림 53.1).

이는 극적인 현상이고 산림 산업에 중요하긴 하지만, 도대체 '왜' 나타나는 것일까? 관련 문헌들은 양이 방대하고 내용이 상충된다. 식물학자 한스 큐블러Hans Kubler(1991)의 리뷰 논문에 나오는 가장 오래된 문헌은 1854년에 발표된 글이다. 미술비평가 시어도어 쿡은 《생명의 곡선》(1914)에서 북반구의 나무들에선 오른돌이 나선형이 나타나겠지만 남반구에서는 나무들이 왼돌이일 것이라고 추측한다. 그는 지구의 자전과 탁월풍에 관한 모호한 이론을 몇 가지 내놓지만, 이들은 같은 책의 뒷부분에서 잉글랜드의 한 지역에 있는 밤나무 두 그루

그림 53.1　노르웨이 프레드릭스타에 있는 아주 오래된 버드나무*Salix*. 오른쪽으로 뒤틀려 있다.

의 비틀림 방향이 다르다는 관찰 결과로 반증되는 듯하다. 놀랍게도 그 후 관련 논문이 수백 편이나 발표됐는데도 이 논의는 아직 끝나지 않고 있다. 식물학자 손드레 스카테르 스카테르Sondre Skatter Skatter와 보후밀 쿠세라Bohumil Kucera(1998)에 따르면, 북반구의 나무들은 굴광성 때문에 남쪽 면이 더 빨리 자라서 수관樹冠/crown이 비대칭성을 띠게 된다. 이는 적어도 북반구 고위도 지방에 대해서라면 통계 자료로 뒷받침된다(Eklund & Säll, 2000). 그렇다면 북반구 고위도 지방에서는 편서풍(탁월 편서풍) 때문에 나무가 위에서 봤을 때 시계 반대 방향으로 비틀릴 텐데, 그 오른돌이 나선형 나뭇결은 나무가 그런 바람의 힘을 더 잘 견딜 수 있게 해 준다고 한다. 이후의 여러 논문에서는 이런 가설의 몇몇 측면에 이의를 제기해 왔는데(Wing et al., 2014 등), 남반구에 대한 데이터는 아직도 빈약한 실정이다.

큐블러(1991)는 또 다른 오래된 가설도 지지했다. 그 내용인즉 나뭇결이 입체 나선형으로 비틀려 있으면 뿌리의 일부가 손상되거나 마르더라도 수분과 영양분이 줄기에 고르게 전달될 수 있다는 것이다. 그렇게 될 수 있는 이유는 뿌리의 한 위치에서부터 올라가는 입체 나선형 물관들이 각각의 방사적 위치에 따라 같은 높이에서 저마다 다른 각위치angular position에 도달하기 때문이다. 요컨대 뿌리의 한 부분한 부분이 나무 전체에 수분을 공급하는 셈이다. 이는 제법 멋지고 약간 전체론적인 이론으로 여러 실험 결과와도 부합한다. 어떤 나무 한 그루의 줄기를 완전히 꺾다시피 해서 한쪽 부분만 조금 남겨 놓더라도, 수분이 충분히 공급되면 그 쓰러진 나무의 수관 전체가 땅바닥 위에서 몇 년간 푸르게 살아갈 수 있다. 아마 숲 속에서 그런 굉장한 광경을 본 적이 있을 것이다.

다른 이론도 아주 많다. 이를테면 생장 응력의 해소와 관련된 가설도 있고, 휨 강성剛性의 증감과 관련된 가설도 있다. 이들은 상호 배타적인 가설이 아니므로, 아마 거기서 얘기하는 여러 요인 중 몇 가지가 나선 목리의 선택적 이점과 연관되어 있을 것이다. 이제 인류가 이 매혹적인 수수께끼를 슬슬 풀어 볼 때가 됐다. 좋은 출발점 중 하나는 '시민 과학' 프로젝트로 전 세계 사람들이 자기 집 근처 나무의 비틀림 방향을 기록하는 것일 듯하다. 그 지도식 도표를 꼭 한번 봤으면 좋겠다.

이렇게 돌고 돌아 여기까지 온 우리는 과연 나선의 본질에 조금이라도 더 가까이 다가갔을까? 적어도 그 완벽한 도형이 자연, 예술, 종교, 공학 등에서 얼마나 중요한 역할을 하는지, 그 도형이 없었더라면 우리 삶이 얼마나 서글퍼졌을지를 이 책을 통해 여러분이 확신하게 되었다면 좋겠다. 만약 내가 나선에 대한 광기를 전염시켜서 여러분이 어디로 눈을 돌리든 나선을 찾게 됐다면, 내 음흉한 계획은 성공한 셈이다.

나선 자체와 마찬가지로 나선 이야기는 절대 끝나지 않는다. 나는 다음에 대해선 쓰지 않았다. 손목시계의 큰 태엽과 균형 바퀴 태엽, 머리털이 고불고불 말리는 이유, LP와 CD 음반, 지문, 로렌즈 끌개, 솔로몬 R. 구겐하임미술관, 먹잇감을 조이는 뱀, 유대교 경전 토라 Torah, 집낙지 *Argonauta*, 일각돌고래, 꽃갯지렁이와 크리스마스트리웜 Christmas tree worm 등등. 게다가 DNA의 이중 나선에 대해서는 겨우 말만 꺼냈을 뿐이다. 하지만 이야기를 어딘가에서는 끝내야 했기에 여기서 끝낸다.

다음에는 무엇에 대해 쓸지 생각해 보았다. 정사각형? 원? 원뿔곡선? 하지만 이번 같지는 않을 것이다. 세상에 나선만 한 도형은 또 없다.

감사의 말

먼저 우리 가족 마르테, 쉬루스, 에이엘에게 감사한다. 그중에서도 나선에 대해 수많은 의견을 주고받았던 마르테에게 각별히 고마운 마음을 전한다. 식물학자와 같이 살고 있으니 얼마나 운이 좋은가! 작품을 사용해도 좋다고 허락해 준 뛰어난 사진가들에게도 감사를 표한다. 그들은 대부분 무료로 그렇게 해 주었다. 친절을 베풀어 준 내 직장 오슬로 자연사박물관에도, 이렇게 별난 책을 내 준 스프링거 출판사, 그리고 무엇보다 자연 법칙이라 해야 할지 신이라 해야 할지 모르겠지만 아무튼 우리에게 이 완벽한 도형을 선사해 준 그 어떤 존재에게도 고마운 마음을 전한다.

A.1 돌돌 말린 원뿔

우리는 점점 팽창하며 돌돌 말려 로그 나선 모양을 이루는 대롱에서 지름 D가 경로 길이 s에 비례함을 증명하고자 한다. 이것이 증명된다면, 그 대롱을 원뿔이 돌돌 말린 모양으로 볼 수 있다는 뜻이다.

먼저 로그 나선의 중심에서 반지름이 r인 특정 위치까지의 경로 총길이를 나타내는 공식에 대해 생각해 보자. 부록 A.2에서 유도하는 이 공식은 다음과 같다.

$$s = \frac{r\sqrt{1+k^2}}{k}$$

이 식은 데카르트가 말했던 로그 나선의 속성 중 하나, 즉 곡선 길이와 반지름의 비가 일정하다는 속성을 나타낼 뿐만 아니라, 그 비례 상수가 k와 관련되어 있음을 분명히 보여 주기도 한다. 이 식을 r에 대해 풀면, 다음을 얻을 수 있다.

$$r = \frac{sk}{\sqrt{1+k^2}}$$

점점 팽창하며 돌돌 말려 있는 대롱에서 안쪽 면과 나선 중심 사이의 거리를 반지름 r로 볼 때 지름 D는 다음과 같다.

$$
\begin{aligned}
D &= r(\varphi + 2\pi) - r(\varphi) \\
&= ae^{k(\varphi + 2\pi)} - ae^{k\varphi} \\
&= ae^{k\varphi}(e^{2\pi k} - 1) \\
&= r(e^{2\pi k} - 1)
\end{aligned}
$$

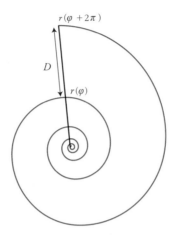

$$r(\varphi + 2\pi)$$

$$D$$

$$r(\varphi)$$

끝으로 앞서 구해 놓은 r에 대한 식을 이 식에 대입하면, 우리는 지름 D가 역시나 경로 길이 s에 비례하며 그 비례 상수가 k값에 따라서만 달라진다는 사실을 알 수 있다.

$$D = \frac{k(e^{2\pi k} - 1)}{\sqrt{1 + k^2}} s$$

A.2 로그 나선의 경로 길이

우리는 로그 나선의 경로 길이 s를 회전각 φ의 함수 형태로 구하고자 한다.

먼저 극좌표계의 일반적인 로그 나선 $r(\varphi)$에서 회전각이 아주 작은 각도 $d\varphi$ 만큼 증가한 후의 새 반지름을 r'라고 하자. 그리고 아래 그림에서 변 b, c, d로 구성된 작은 직각삼각형을 보라.

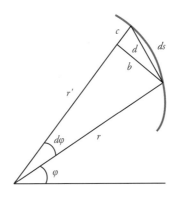

로그 나선의 일부분(빨간색)의 기하학적 구조

$d\varphi$가 아주 작으므로 우리는 b의 길이가 반지름이 r인 원호의 길이와 같고, d의 길이가 로그 나선 일부분의 길이 ds와 같다고 볼 수 있다. 라디안 단위로 나타내는 각도의 정의에 따라 우리는 $b \doteqdot rd\varphi$임을 알 수 있다. 또 $c=r'-r=dr$이라는 사실도 알 수 있다. 이제 우리는 피타고라스 정리를 이용해 ds라는 길이를 다음과 같이 나타낼 수 있다.

$$ds \doteqdot d = \sqrt{b^2+c^2} = \sqrt{(rd\varphi)^2+(rd)^2} = \sqrt{r^2+\left(\frac{dr}{d\varphi}\right)^2}\,d\varphi$$

이 식에 로그 나선 방정식을 대입하면, 다음을 얻을 수 있다.

$$ds = \sqrt{(ae^{k\varphi})^2+(ake^{k\varphi})^2}\,d\varphi = ae^{k\varphi}\sqrt{1+k^2}\,d\varphi$$

나선을 따라 이어져 있는 자잘한 ds들을 모두 합산(적분)하면, 나선의 극점($\varphi=-\infty$)에서 임의의 점($\varphi=\Phi$)까지의 총길이 s를 다음과 같이 계산할 수 있다.

$$S(\Phi) = \int_{-\infty}^{\Phi} ds = \int_{-\infty}^{\Phi} ae^{k\varphi}\sqrt{1+k^2}\,d\varphi$$

$$= a\sqrt{1+k^2}\int_{-\infty}^{\Phi} e^{k\varphi}\,d\varphi = \frac{a\sqrt{1+k^2}}{k}e^{k\Phi}$$

A.3 로그 나선의 극점이 그리는 전적선

로그 나선을 탁자 위에서 굴리면, 그 극점은 기울기가 팽창 계수 k와 같은 직선을 그리게 된다.

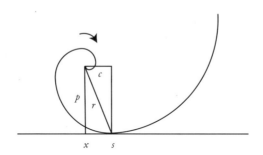

이를 증명하기 위해, 탁자를 나선에서 회전각이 φ인 점과 만나는 접선으로 생각하자. 그러면 그곳의 반지름은 $r(\varphi)=e^{k\varphi}$이 된다. 또 우리는 극점에서 탁자까지의 거리, 즉 극점에서 그 접선에 내린 수선의 길이 p도 알아야 한다. 극좌표계의 어떤 곡선에서든 이 거리는 다음 관계식에 따라 해당 곡선 $r(\varphi)$와 관련된다 (Gow 1960, eq. 21.10).

$$\frac{1}{p^2}=\frac{1}{r^2}+\frac{1}{r^4}\Big(\frac{dr}{d\varphi}\Big)^2$$

이 식에 로그 나선 방정식 $r=e^{k\varphi}$을 대입하면, 다음을 얻을 수 있다.

$$\frac{1}{p^2}=\frac{1}{r^2}+\frac{1}{r^4}(ke^{k\varphi})^2=\frac{1}{r^2}+\frac{1}{r^4}k^2r^2=\frac{1+k^2}{r^2}$$

항들을 재배열하면, 이른바 '수족곡선 방정식'을 얻어 p를 r의 함수로 나타낼 수 있다.

$$p=\frac{r}{\sqrt{1+k^2}}$$

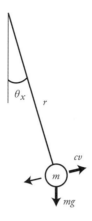

그림 A.1 질량 m의 추가 길이 r의 줄 끝에 달린 진자. 이 진자는 속도에 비례하는 마찰력 ($F = cv$) 때문에 진폭이 점차 줄어든다.

우리는 앞서 확인한바 이런 나선의 경로 총길이가 다음과 같다는 사실도 알고 있다.

$$s = \frac{\sqrt{1+k^2}}{k} r$$

접점의 가로 위치(가로 좌표)는 그냥 s, 즉 나선이 탁자와 접하며 이동한 총거리와 같다. 그렇다면 극점의 가로 위치 x는 다음과 같을 것이다.

$$x = s - c = s - \sqrt{r^2 - p^2} = \frac{\sqrt{1+k^2}}{k} r - \sqrt{r^2 - \frac{r^2}{1+k^2}} = \frac{r}{k\sqrt{1+k^2}}$$

이제 우리가 해당 나선을 아주 작은 각도 $d\varphi$만큼 굴린다고 해 보자. 그러면 극점 궤적의 기울기는 다음과 같이 수직 이동 거리와 수평 이동 거리의 비일 것이다.

$$\frac{dp}{dx} = \frac{^d p/_{dr}}{^d x/_{dr}} = \frac{\frac{1}{\sqrt{1+k^2}}}{\frac{1}{k\sqrt{1+k^2}}} = k$$

이렇게 단순한 결과가 나온다는 사실이 너무나 놀라워서, 좀 더 간단한 방법으로도 같은 결과를 얻을 수 있지 않을까 하는 생각마저 든다! 기울기가 일정하므로 이 극점의 궤적은 직선이다. $k=0$인 경우(곡선이 원인 경우)에는 원의 중심이 수평선을 따라 움직이므로 기울기가 제로다.

A.4 마찰 저항을 받는 진자의 경로

질량 m의 추가 길이 r의 줄 끝에 달려 x축 방향으로 흔들리고 있다(그림 A.1). 각변위는 $\theta_x(t)$이다. 여기서는 마찰력이 접선 속도에 비례하며 그 비례 상수가 c라고 가정하자. 또 몇 가지 사항을 단순화해 가정하면, 예컨대 진폭이 아주 작다고, 그리고 θ가 아주 작을 때 $\sin\theta \fallingdotseq \theta$라고 가정하면, 뉴턴의 운동 제2법칙을 이용해 θ에 대한 2차 미분 방정식을 다음과 같이 세울 수 있다.

$$m\frac{d^2\theta_x}{dt^2} + c\frac{d\theta_x}{dt} - \frac{mg}{r}\theta_x = 0$$

이 방정식의 일반해는 다음과 같다.

$$\theta_x(t) = e^{\frac{-c}{2m}t}\left(A_x\cos(ht) + \frac{2mv_x + A_x c}{2mh}\sin(ht) \right)$$

여기서 A_x는 초기 각변위이고 v_x는 초기 각속도다. 진동수, 즉 1초 동안의 진동 횟수 h는 다음과 같다.

$$h = \sqrt{\frac{g}{r} - \frac{c^2}{4m^2}}$$

위의 두 식을 보면, 진자가 일정한 진동수 h로 흔들리는 가운데 진폭이 지수적으로 줄어든다는 사실을 알 수 있다. 이제 x축 방향의 운동에서 일반해의 마지막 항이 없어지도록 v_x값을 아주 신중히 선택하기로 하자. 즉 $2mv_x + A_x c = 0$이 되도록 $v_x = -A_x c/2m$로 두자는 이야기다. 그렇게 하면 다음을 얻을 수 있다.

$$\theta_x(t) = A_x e^{\frac{-c}{2m}t} \cos(ht)$$

만약 진자가 y축 방향으로도 흔들린다면, 우리는 다음과 같은 일반해도 얻을 수 있을 것이다.

$$\theta_y(t) = e^{\frac{-c}{2m}t} \left(A_y\cos(ht) + \frac{2mv_y + A_y c}{2mh}\sin(ht) \right)$$

이 방향의 운동에서는 초기 각변위를 제로로, 즉 $A_y = 0$으로 두자. 그리고 $v_y = A_x h$로 두자. 그러면 다음을 얻을 수 있다.

$$\theta_y(t) = A_x e^{\frac{-c}{2m}t} \sin(ht)$$

그런데 A_x를 그냥 A로만 적고, 변수들을 바꿔 $\varphi = ht$이고 $k = c/2hm$이라고 하면, 다음을 얻을 수 있다.

$$\theta_x(t) = Ae^{-k\varphi} \cos(\varphi)$$
$$\theta_y(t) = Ae^{-k\varphi} \sin(\varphi)$$

끝으로, θ가 아주 작을 때 $\sin\theta \fallingdotseq \theta$라는 사실을 이용하고(우리는 아까 미분방정식을 세울 때 이런 근사계산을 이미 했다), $r = 1$이라고 하자. 그러면 각변위를 다음과 같은 선변위로 바꿀 수 있다.

$$x = Ae^{-k\varphi} \cos(\varphi)$$
$$y = Ae^{-k\varphi} \sin(\varphi)$$

그러므로 만약 우리가 이 진자에 펜을 한 자루 붙여 놓는다면, 그 펜은 로그 나선을 그릴 것이다! 우리가 근사계산으로 가정해 놓은 대로라면 이 진자는 진폭이 줄어들더라도 한 바퀴를 도는 데 언제나 일정한 시간이 걸릴 것이다(진자시계가 진폭과 거의 상관없이 시각을 정확히 가리키는 이유도 바로 이 때문이다). 따라서 이 나선은 경로 길이가 유한하긴 하지만 극점까지 모두 그리려면 시간이 무한히 많이 걸릴 것이다.

위의 유도 과정에서 우리는 x축 및 y축 방향의 초기 속도와 초기 변위를 매우 신중히 선택했다. 이는 다름이 아니라 유별나게 깔끔한 답, 즉 우리가 보자마자 로그 나선으로 알아볼 수 있는 답에 도달하기 위해서였다. 초기 조건을 다르게 설정하면, 다음과 같이 한 바퀴 한 바퀴가 원보다 타원과 더 닮은 '짜부라진' 로그 나선이 나온다.

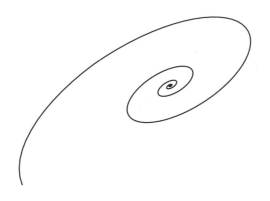

A.5 곡률이 줄어드는 원호의 끝점 경로

우리는 손을 펼 때 한 손가락의 끝이 그리는 경로를 구하고자 한다. 단 여기서 그 손은 언제나 길이가 L로 일정하고 중심각이 θ인 원호 모양을 이룬다. 일반성을 잃지 않도록 $L=\pi$로 두고, 손의 맨 아랫부분이 $(0, 0)$에 고정되어 있다고 하자. 그리고 원호의 반지름을 r이라고 하자.

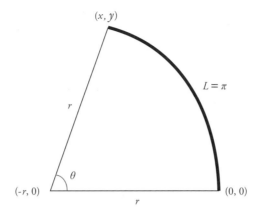

원호의 중심은 $(-r, 0)$에 있을 것이다. 그리고 우리는 $\theta r = L = \pi$, 즉 $\theta = \pi/r$임을 알고 있다. 그렇다면 원호 끝점의 좌표 (x, y)는 다음과 같을 것이다.

$$x = -r + r\cos\theta = r\cos\frac{\pi}{r} - r$$

$$y = r\sin\theta = r\sin\frac{\pi}{r}$$

우리는 이 곡선의 매개 변수를 재설정해 그 방정식이 극좌표계의 '표준' 나선 방정식과 좀 더 비슷해 보이게 할 수 있다. 즉 변수를 바꿔 $r = \pi/\varphi$로 두면, 다음을 얻을 수 있다.

$$x = \frac{\pi}{\varphi}\cos\varphi - \frac{\pi}{\varphi}$$

$$y = \frac{\pi}{\varphi}\sin\varphi$$

아래에는 이 책의 그래프 중 몇 가지를 만드는 프로그램 코드가 나와 있다. 이 스크립트들은 내가가 만든 무료 통계 소프트웨어 '패스트Past'에서 실행할 수 있다. 다음 주소로 가면 윈도·맥용 패스트를 내려받을 수 있다. http://folk.uio.no/ohammer/past/.

B.1 포겔의 해바라기 방정식
이 프로그램을 실행하면 포겔의 방정식(1979)에 따라 해바라기 낱꽃이 250개까지 배열된다.

```
cleargraphic;
for n:=1 to 250 do begin
 phi:= 2*pi*n*(1-(sqrt(5)-1)/2);
 r:=sqrt(n);
 drawpoints(r*cos(phi), r*sin(phi), black);
end;
```

B.2 가마
짧은 선분들이 모두 반지름 벡터와 일정 각도를 이루며 배열돼 소용돌이무늬를 형성하게 하는 프로그램.

```
cleargraphic;
 for i:=1 to 21 do for j:=1 to 21 do begin
  x:=i-11; y:=j-11; phi:=arctan2(y, x)+pi/3;
  if sqrt(x*x+y*y)<10 then
   drawline(x, y, x+1.5*cos(phi), y+1.5*sin(phi), black);
end;
```

```
drawpoints(0, 0, black);
```

B.3 〈현기증〉의 하모노그래프 이미지

짜부라진 형태로 한 바퀴 한 바퀴가 조금씩 돌아가 있는 로그 나선의 매개 변수를 신중히 선택해 〈현기증〉 포스터의 무늬를 재현해 보는 프로그램.

```
cleargraphic;
vx:=vector(5000); vy:=vector(5000);
for i:=1 to 5000 do begin
 // First compute the spiral with exponential decay
 x1:=cos(i/10)*exp(-i/2500); y1:=1.4*sin(i/10)*exp(-i/2500);

 // Then rotate the coordinates with a rotation matrix
 d:=450; // Rotation period
 vx[i]:=cos(i/d)*x1-sin(i/d)*y1;
 vy[i]:=sin(i/d)*x1+cos(i/d)*y1;
end;
drawpolyline(vx, vy, black);
```

B.4 벌레 문제

벌레 네 마리가 각자의 이웃에게 다가가는 상황에 대한 시뮬레이션 프로그램.

```
cleargraphic;
N:=4; // Number of bugs
x:=vector(N); y:=vector(N);
newx:=vector(N); newy:=vector(N);

// Starting positions
x[1]:=0; y[1]:=0; x[2]:=1; y[2]:=0;
x[3]:=1; y[3]:=1; x[4]:=0; y[4]:=1;

for i:=1 to 500 do begin // Time steps
 for j:=1 to N do begin
next:=j+1; if next=N+1 then next:=1;
d:=sqrt(sqr(x[next]-x[j])+sqr(y[next]-y[j])); // For normalizing
newx[j]:=x[j]+0.002*(x[next]-x[j])/d;
```

```
newy[j]:=y[j]+0.002*(y[next]-y[j])/d;
drawline(x[j], y[j], newx[j], newy[j], black);

// Draw red square every 100 steps
if (i-1) mod 100 = 0 then begin
  drawline(x[j], y[j], x[next], y[next], red);
 end;
end;

// Copy new positions to old
for j:=1 to N do begin
  x[j]:=newx[j]; y[j]:=newy[j];
 end;
end;
```

B.5 줄리아 집합

이 스크립트는 패스트에서 실행하면 시간이 10분 가까이 걸리기도 한다. 줄리아 집합을 처리하는 좀 더 효율적인 알고리즘도 있지만, 이 직접적인 방법이 가장 이해하기 쉽다.

```
cleargraphic;
cr:=0.285; ci:=0.01;
ju:=array(400,400);
for i:=1 to 400 do begin
 for j:=1 to 400 do begin
  // Complex start value for z. Adjust to zoom.
  zi:=-(i-200)/150; zr:=(j-200)/150;
  k:=0;
  repeat
   // Complex multiplication and addition
   zrsave:=zr;
   zr:=zr*zr-zi*zi+cr;
   zi:=2*zrsave*zi+ci;
   k:=k+1;
  until (k=200) or (zi*zi+zr*zr>3); // The value 200 must be
                    // increased when zooming
  if k=200 then ju[i,j]:=6
```

```
  else ju[i,j]:=ln(k);
 end;
end;
drawmatrix(ju, true);
```

B.6 쌍곡 코시컨트 나선

쌍곡 코시컨트 나선은 코츠 나선 중 하나다.

```
cleargraphic;
vx:=vector(1000); vy:=vector(1000);
for i:=1 to 1000 do begin
 phi:=(i+40)/30;
 r:=1/((exp(0.1*phi)-exp(-0.1*phi))/2);
 vx[i]:=r*cos(phi);
 vy[i]:=r*sin(phi);
end;
drawpolyline(vx, vy, black);
```

B.7 아르키메데스 나선 대 원의 신개선

아르키메데스 나선은 검은색으로, 단위원의 신개선은 빨간색으로 그리는 프로
그램.

```
cleargraphic;
vx:=vector(600); vy:=vector(600);

// Archimedes spiral with a=1
for i:=1 to 600 do begin
 phi:=i/45;
 vx[i]:=phi*sin(phi);
 vy[i]:=-phi*cos(phi); // Flip up-down to coincide with
involute
end;
drawpolyline(vx, vy, black);

// Involute of circle with radius 1
for i:=1 to 600 do begin
```

```
phi:=i/45;
vx[i]:=cos(phi)+phi*sin(phi);
vy[i]:=sin(phi)-phi*cos(phi);
end;
drawpolyline(vx, vy, red);
```

B.8 오일러 나선

오일러 나선에서 *t*가 양수인 부분과 *t*가 음수인 부분을 둘 다 그리는 프로그램.
패스트는 프레넬이란 내장 함수가 있어서 두 프레넬 적분의 근삿값을 계산해 벡
터 한 쌍으로 내놓을 수 있다.

```
cleargraphic;
vx:=vector(1200); vy:=vector(1200); v:=vector(2);
for i:=1 to 1200 do begin
 t:=(i-600)/100; // t goes from -6 to +6
 v:=fresnel(phi);
 vx[i]:=v[2]; vy[i]:=v[1];
end;
drawpolyline(vx, vy, black);
```

B.9 내시內視 현상으로 보이는 무늬

여기서는 시각 피질(V1)에서 여러 점이 육방 밀집 구조로 자기 조직화됐을 때
보이는 무늬를 그리고자 한다. 그렇다면 당연히 그 점무늬의 픽셀을 순회하며
traverse 이들을 V1-망막 전달 함수로 변환해 망막의 무늬를 만들어야 할 것 같
기도 하다. 하지만 그렇게 하면 망막 상image의 픽셀을 모두 채우지 못하게 된다.
그래서 여기서는 오히려 망막 상의 픽셀을 모두 순회하며 망막-V1 변환으로 V1
에서 픽셀을 추출한다.

```
cleargraphic;
// Set up an array x with a staggered dot pattern
x:=array(200,200);
for i:=1 to 200 do for j:=1 to 200 do x[i,j]:=1;
for i:=1 to 12 do begin
 for j:=1 to 24 do begin
```

```
  x[i*16, j*8]:=0;
  x[i*16-8, j*8+4]:=0;
 end;
end;

// Blur it four times to make it smooth
xb:=array(200,200);
for i:=1 to 200 do for j:=1 to 200 do xb[i,j]:=1;
for k:=1 to 4 do begin
 for i:=2 to 199 do for j:=2 to 199 do begin
   xb[i,j]:=(1.2*x[i,j]+x[i-1,j]+x[i+1,j]+x[i,j1]+x[i
,j+1])/5.2;
 end;
 x:=xb;
end;

// drawmatrix(xb, true); // Plot the input matrix

// For every cell in the output array y, pick the
// corresponding cell in the input array xb
y:=array(200,200);
for i:=1 to 200 do begin
 y1:=10*2*(i-100.5)/101;
 for j:=1 to 200 do begin
  x1:=10*2*(j-100.5)/101;
  x2:=ln(sqrt(x1*x1+y1*y1)); // -5 to ln sqrt(200) = 2.65
  if x2>-1 then begin
   y2:=arctan2(y1,x1);
   y[i,j]:=xb[y2*20+100,x2*20+40];
  end;
 end;
end;

drawmatrix(y, true);
```

사진 출처

1.1 Photo Falconaumanni, Creative Commons Attribution-Share Alike 3.0 Unported license
Ⅰ 1.2 Adapted by permission from Macmillan Publishers Ltd: Nature, Holland et al., copyright
(2005) Ⅰ 7.3 Image courtesy of Bowers & Wilkins Ⅰ 7.5 Adapted from Hammer and
Bucher (2005) Ⅰ 9.4 Photo: Wolfgang Volk, Berlin Ⅰ 11.1 Photo Carlos Parada Ⅰ 11.3
© 2016 The M.C. Escher Company—The Netherlands. All rights reserved. www.mcescher.
com Ⅰ 11.4 Photo Jean–Cristophe Benoist. Creative Commons Attribution–Share Alike 3.0
Unported license Ⅰ 11.5 Photo Adam Jones. Creative Commons Attribution–Share Alike 2.0
Generic license Ⅰ 11.6 Image courtesy of Gemasolar solar thermal plant, owned by Torresol
Energy © SENER Ⅰ 11.7 Photo N.A. Naseer, www.nilgirimarten.com, Creative Commons
Attribution–Share Alike 2.5 India Ⅰ 11.9 Photo provided by Dan Grossman, www.airships.
net Ⅰ 12.2 right: Photo Marte H. Jørgensen Ⅰ 12.4 Left: Walters Art Museum, licence CC–
BY–SA–3.0 Ⅰ 14.3 Credit: NASA, ESA, S. Beckwith (STScI), and The Hubble Heritage
Team(STScI/AURA) Ⅰ 15.2 Paramount Pictures Corporation, 1958 Ⅰ 15.3 left: Photo
Marte H. Jørgensen Ⅰ 16.2 Right: © 2016 The M. C. Escher Company—The Netherlands.
All rights reserved. www.mcescher.com Ⅰ 17.4 Photo Geni, Creative Commons Attribution–
Share Alike 4.0 International licence Ⅰ 18.1 Middle: Photo Marte H. Jørgensen. Right: Photo
Marte H. Jørgensen Ⅰ 18.3 Left: Photo Marte H. Jørgensen. Ⅰ 18.4 Top left: Photo Robert
David Siegel, M.D., Ph.D., Stanford University. Top middle: Photo Marte H. Jørgensen.
Bottom left: Photo Marinella Zepigi, Acta Plantarum. Bottom middle: Photo Alexey Sergeev.
Bottom right: Photo Marte H. Jørgensen Ⅰ 20.2 Reprinted from Littler (1973), with
permission from Elsevier Ⅰ 22.2 Image courtesy of the Norwegian Museum of Science and
Technology Ⅰ 24.1 Art © Estate of Robert Smithson/VAGA, NY/BONO, Oslo 2016 Ⅰ 24.2
Art © Estate of Robert Smithson/VAGA, NY/BONO, Oslo 2016 Ⅰ 30.5 IgorF, vlastni foto,
CC BY–SA 3.0 licence Ⅰ 30.6 From Raup and Michelson (1965). Reprinted with permission
from AAAS Ⅰ 30.7 Photo Daderot. CC0 1.0 Universal Public Domain Dedication Ⅰ 33.1
Courtesy of Agate Fossil Beds National Monument and James St. John Ⅰ 36.1 Cassini image

추천 도서

Bertin, G., & Lin, C. -C. (1996). *Spiral structure in galaxies: A density wave theory*. Cambridge, MA: MIT Press.

Cook, T. A. (1914). *The curves of life* (1979 ed.). USA: Dover Publications.

Davis, P. J. (1993). *Spirals, from Theodorus to Chaos*. Wellesley, MA: A K Peters.

Hargittai, I., & Pickover, C. (Eds.). (1992). *Spiral symmetry*. Singapore: World Scientific. (나선에 관한 권위 있는 에세이들을 엮어 놓은 훌륭한 모음집이다.)

Israel, N. (2015). *Spirals — The whorled image in twentieth-century literature and art*. New York, NY: Columbia University Press.

Klüver, H. (1966[1928]). *Mescal, and mechanisms of hallucination*. Chicago: University of Chicago Press.

McManus, C. (2003). *Right hand, left hand*. London: Phoenix. (면밀한 연구를 바탕으로 비대칭성에 대해 비판적이고 재미있게 쓴 책이다.)

Purce, J. (1974). *The mystic spiral: Journey of the soul*. London: Thames & Hudson. (이 책은 제목이 암시하듯 과학적 엄격성이 좀 부족하긴 하지만, 고대 미술 속의 나선형에 대한 아름다운 삽화를 많이 싣고 있어서 제값을 톡톡히 한다.)

Scales, H. (2015). *Spirals in time: The secret life and curious afterlife of seashells*. London: Bloomsbury Sigma. (과학적 엄격성을 고수하며 아주 잘 쓴 책이다.)

Thomas, J. (1999). *Understanding the Neolithic*. London: Routledge.

Ward, G. (2006). *Spirals: The pattern of existence*. England: Green Magic. (문화와 자연 속의 나선형을 다루는 이 작은 책은 흥미로운 정보를 담고 있으나, 신비주의로 빠지는 경향이 있다.)

그 밖의 문헌

Anderhub, J. H. (1941). *Joco-Seria — Aus den Papieren eines reisendes Kaufmanns*. Frankfurt am Main: Hauserpresse Hans Schaefer.

Andrey, D., & Galli, M. (2004). Geometric methods of the 1500s for laying out the Ionic volute. *Nexus Network Journal*, 6, 31~48.

Bernoulli, J. (1691). Specimen alterum calculi differentialis. *Acta Eruditorum*, 2, 282~289.

Bourne, D. W., & Heezen, B. C. (1965). A wandering Enteropneusta from the Abyssal Pacific, and the distribution of "spiral" tracks on the sea floor. *Science*, New series, 150(3692), 60~63.

Bressloff, P. C., Cowan, J. D., Golubitsky, M., Thomas, P. J., & Wiener, M. C. (2001). Geometrical visual hallucinations, Euclidean symmetry, and the functional architecture of the striate cortex. *Philosophical Transactions of the Royal Society of London B, 356*, 299~330.

Buryanov, A., & Kotiuk, V. (2010). Proportions of hand segments. *International Journal of Morphology*, 28, 755~758.

Calter, P. (2000). How to construct a logarithmic rosette (without even knowing it). *Nexus Network Journal*, 2, 25~31.

Cobley, M. J., Rayfield, E. J., & Barrett, P. M. (2013). Inter-vertebral flexibility of the ostrich neck: Implications for estimating sauropod neck flexibility. *PLoS One*, 8(8), e72187.

Dalley, S., & Oleson, J. P. (2003). Sennacherib, Archimedes and the water screw: The context of invention in the ancient world. *Technology and Culture*, 44, 1~26.

Darwin, C. (1875). *On the movements and habits of climbing plants*. London: John Murray.

Davis Philip, A. G. (1992). The evolution of a three-armed spiral in the Julia set, and higher order spirals. In I. Hargittai & C. Pickover (Eds.), *Spiral symmetry*(pp.135~163). Singapore: World Scientific.

de Borhegyi, S. F. (1966). The wind god's breastplate. *Expedition Magazine*, 8(4), 13~15.

Douady, S., & Couder, Y. (1996). Phyllotaxis as a dynamical self organizing process. Parts 1–3. *Journal of Theoretical Biology*, 178, 255~312.

Earl of Rosse. (1850). Observations on the nebulae. *Philosophical Transactions of the Philosophical Society of London*, 140, 499~514.

Eklund, L., & Säll, H. (2000). The influence of wind on spiral grain formation in conifer trees. *Trees*, 14, 324~328.

Euler, L. (1743). De summis serierum reciprocarum ex potestatibus numerorum naturalium ortarum dissertatio altera. *Miscellanea Berolinensia*, 7, 172~192.

Francis, C., & Anderson, E. (2009). Galactic spiral structure. *Proceedings of the Royal Society of London A*, 465, 3425~3423.

Fuchs, B., Möllenhoff, C., & Heidt, J. (1998). Decomposition of the rotation curves of distant field galaxies. *Astronomy and Astrophysics*, 336, 878～882.

Gardner, M. (1965). Mathematical games. *Scientific American*, 213(1), 100～104.

Gerbode, S. J., Puzey, J. R., McCormick, A. G., & Mahadevan, L. (2012). How the cucumber tendril grows and overwinds. *Science*, 337, 1087～1091.

Ghyka, M. (1946). *The geometry of art and life*. New York, NY: Sheed and Ward.

Gow, M. M. (1960). *A course in pure mathematics*. Burlington, MA: Elsevier.

Guy, N. (2011). The rise of the anticlockwise newel stair. *The Castle Studies Group Journal*, 25, 113～174.

Guyon, E., Hulin, J.-P., Petit, L., & Mitescu, C. D. (2001). *Physical hydrodynamics*. Oxford: Oxford University Press.

Hammer, Ø., & Bucher, H. (2005). Models for the morphogenesis of the molluscan shell. *Lethaia*, 38, 1～12.

Hammer, Ø., Hryniewicz, K., Hurum, J. H., Høyberget, M., Knutsen, E. M., & Nakrem, H. A. (2013). Large onychites (cephalopod hooks) from the Upper Jurassic of the Boreal Realm. *Acta Palaeontologica Polonica*, 58, 827～835.

Heezen, B. C.,&Hollister, C.D. (1971). *The face of the deep*. Oxford: Oxford University Press.

Hersey, G. L. (2000). *Architecture and geometry in the age of the Baroque*. Chicago: University of Chicago Press.

Holland, N. D., Clague, D. A., Gordon, D. P., Gebruk, A., Pawson, D. L., & Vecchione, M. (2005). 'Lophenteropneust' hypothesis refuted by collection and photos of new deep-sea hemichordates. *Nature*, 434, 374～376.

Hoso, M., Kameda, Y., Wu, S.-P., Asami, T., Kato, M., & Hori, M. (2010). A speciation gene for left-right reversal in snails results in anti-predator adaptation. *Nature Communications*, 1, 133.

Imafuku, M. (1994). Response of hermit crabs to sinistral shells. *Journal of Ethology*, 12, 107～114.

Kamper, D. G., Cruz, E. G., & Siegel, M. P. (2003). Stereotypical fingertip trajectories during grasp. *Journal of Neurophysiology*, 90, 3702～3710.

Kauffman, E. G., Harries, P. J., Meyer, C., Villamil, T., Arango, C., & Jaecks, G. (2007). Paleoecology of giant Inoceramidae (*Platyceramus*) on a Santonian (Cretaceous) seafloor in Colorado. *Journal of Paleontology*, 81, 64～81.

Kenyon, F. C. (1895). In the region of the new fossil, Dæmonelix. *American Naturalist*, 29, 213～227.

Klar, A. J. S. (2003). Human handedness and scalp hair-whorl direction develop from a common genetic mechanism. *Genetics*, 165, 269~276.

Klar, A. J. S. (2004). Excess of counterclockwise scalp hair-whorl rotation in homosexual men. *Journal of Genetics*, 170, 2027~2030.

Klar, A. J. S. (2009). Scalp hair-whorl orientation of Japanese individuals is random; Hence, the trait's distribution is not genetically determined. *Seminars in Cell and Developmental Biology*, 20, 510~513.

Klüver, H. (1966 [1928]). *Mescal, and mechanisms of hallucination*. Chicago: University of Chicago Press.

Kosuge, T., & Imafuku, M. (1997). Records of hermit crabs that live in sinistral shells. *Crustaceana*, 70, 380~384.

Krumbein, W. C. (1944). *Shore processes and beach characteristics*. US Corps of Engineers, Beach Erosion Board, Technical Memoir no. 3.

Kubler, H. (1991). Function of spiral grain in trees. *Trees*, 5, 125~135.

LeBlond, P. H. (1979). An explanation of the logarithmic spiral plan shape of headland bay beaches. *Journal of Sediment Petrology*, 49, 1093~1100.

Leung, K.-T., Józsa, L., Ravasz, M., & Néda, Z. (2001). Pattern formation: Spiral cracks without twisting. *Nature*, 410, 166.

Lewis-Williams, J. D., & Dowson, T. A. (1988). The signs of all times — Entoptic phenomena in Upper Palaeolithic art. *Current Anthropology*, 29, 201~245.

Littler, J. W. (1973). On the adaptability of man's hand (with reference to the equiangular curve). *The Hand*, 5, 187~191.

Longo, M. J. (2011). Detection of a dipole in the handedness of spiral galaxies with redshifts z ~0.04. *Physical Letters B*, 699, 224~229.

Lucas, E. (1877). Problème des trois chiens. *Nouvelle Correspondance Mathématique*, 3, 175~176.

Martin, L. D., & Bennett, D. K. (1977). The burrows of the Miocene beaver *Palaeocastor*, Western Nebraska, U.S.A. *Palaeogeography, Palaeoclimatology, Palaeoecology*, 22, 173~193.

Mastrodemos, N., & Morris, M. (1999). Bipolar pre-planetary nebulae: Hydrodynamics of dusty winds in binary systems. II. Morphology of the circumstellar envelopes. *The Astrophysical Journal*, 523, 357~380.

Mattheck, C., & Reuss, S. (1991). The claw of the tiger: An assessment of its mechanical shape optimization. *Journal of Theoretical Biology*, 150, 323~328.

McDonald, J. H. (2011). *Myths of human genetics* (pp.40~45). Baltimore, MD: Sparky

House Publishing.

McDowell, J. (1973). *Plato; Theaetetus*. Oxford: Clarendon Press.

McKinney, F. K., Listokin, M. R. A., & Phifer, C. D. (1986). Flow and polypide distribution in the cheilostome bryozoan *Bugula* and their inference in *Archimedes*. *Lethaia*, 19, 81~93.

Mercer, H. C. (1929). *Ancient carpenters' tools* (Reprinted 5th ed.). Dover Publications, 2000.

Nahin, P. J. (2012). *Chases and escapes: The mathematics of pursuit and evation*. Princeton, NJ: Princeton University Press.

Noone, C. J., Torrilhon, J., & Mitsos, A. (2012). Heliostat field optimization: A new computationally efficient model and biomimetic layout. *Solar Energy*, 86, 792~803.

Raup, D. M. (1962). Computer as aid in describing form in gastropod shells. *Science*, 138(3537), 150~152.

Raup, D. M., & Michelson, A. (1965). Theoretical morphology of the coiled shell. *Science*, 147(3663), 1294~1295.

Reyssat, E., & Mahadevan, L. (2009). Hygromorphs: From pine cones to biomimetic layers. *Journal of the Royal Society, Interface*. doi:10.1098/rsif.2009.0184.

Ryan, A. J., & Christensen, P. R. (2012). Coils and polygonal crust in the Athabasca Valles Region, Mars, as evidence for a volcanic history. *Science*, 336, 449~452.

Sassi, M., & Vernoux, T. (2013). Auxin and self-organization at the shoot apical meristem. *Journal of Experimental Botany*, 64, 2579~2592.

Schilthuizen, M., Craze, P. G., Cabanban, A. S., Davison, A., Stone, J., Gittenberger, E., & Scott, B. J. (2007). Sexual selection maintains whole-body chiral dimorphism in snails. *Journal of Evolutionary Biology*, 20, 1941~1949.

Shamir, L. (2012). Handedness asymmetry of spiral galaxies with z<0.03 shows cosmic parity violation and a dipole axis. *Physics Letters B*, 715, 25~29.

Skatter, S., & Kucera, B. (1998). The cause of the prevalent directions of the spiral grain patterns in conifers. *Trees*, 12, 265~273.

Smith, R. M. H. (1987). Helical burrow casts of therapsid origin from the Beaufort Group (Permian) of South Africa. *Palaeogeography, Palaeoclimatology, Palaeoecology*, 60, 155~170.

Stevens, P. (1974). *Patterns in nature*. Boston, Toronto: Little, Brown and Company.

Tapanila, L., Pruitt, J., Pradel, A., Wilga, C. D., Ramsay, J. B., Schlader, R., & Didier, D. A. (2013). Jaws for a spiral-tooth whorl: CT images reveal novel adaptation and phylogeny in fossil *Helicoprion. Biology Letters*, 9, 20130057.

Teichert, C., & Kummel, B. (1960). Size of endoceroid cephalopods. *Breviora Museum of Comparative Zoology*, 128, 1~7.

Torgersen, J. (1950). Situs inversus, asymmetry and twinning. *American Journal of Human Genetics*, 2, 361~370.

Torricelli, E. (1644). *De infinitis spirabilus.* (Republished by E. Carruccio, Domus Galilaena, Pisa, 1955).

Tozzer, A. M., & Allen, G. M. (1910). Animal figures in the Maya codices. *Papers of the Peabody Museum of Archaeology and Ethnography, Harvard University*, 5, 283~372.

Tucker, V. A. (2000). The deep fovea, sideways vision and spiral flight paths in raptors. *Journal of Experimental Biology*, 203, 3745~3754.

Tucker, V. A., Tucker, A. E., Akers, K., & Enderson, J. H. (2000). Curved flight paths and sideways vision in peregrine falcons (*Falco peregrinus*). *Journal of Experimental Biology*, 203, 3755~3763.

Vogel, H. (1979). A better way to construct the sunflower head. *Mathematical Biosciences*, 44, 179~189.

Vollrath, F., & Mohren, W. (1985). Spiral geometry in the garden spider's orb web. *Naturwissenschaften*, 72, 666~667.

Wentworth Thompson, D. (1917). *On growth and form.* Cambridge: Cambridge University Press.

Wing, M. R., Knowles, A. J., Melbostad, S. R., & Jones, A. K. (2014). Spiral grain in bristlecone pines (*Pinus longaeva*) exhibits no correlation with environmental factors. *Trees*, 28, 487~491.

가마   114~115
가위살파   265~266
각축   196~194
갈릴레이 나선   323
거미   313, 318, 321~323
거울   52, 54~55, 76, 176, 182, 209
거품 상자   235~238
계단   89, 105~107, 109, 194, 205
곡률   62~63, 167, 242, 281, 283,
　　286
공룡   15, 95, 205, 211~212, 239,
　　240, 253, 310
공작   77~78
그노몬   43, 45, 59, 116~123, 125,
　　187, 193, 196, 207, 210, 216, 232
그리스 뇌문   226, 271~272
극좌표   17~18, 20, 24, 29, 62, 85,
　　223, 294, 315~317, 319
기카, 마틸라 Ghyka, Matila   66

나방   67~70
나사갯지렁이   46
나사송곳   258~259
나선 목리   324, 327
나선 양수기   256~258, 260
〈나선형 둑 Spiral Jetty〉   156~158, 209

낱꽃   81, 83~88
뉴그레인지   272
뉴턴, 아이작 Newton, Isaac   44, 61,
　　98~99, 178~179, 181, 237
닙코 원판   148~149, 152

다각 나선   207~208, 210~213
다윈, 찰스 Darwin, Charles   126~128,
　　132
단조함수   18~20
달팽이관   47
닻   241~242
대모스크(이라크 사마라)   187~188
대장균   262
대칭성   54, 63, 104, 107, 114, 128,
　　226, 236
대플리니우스 Pliny the Elder   28, 29
댈러스 공항 조감도안   209
덩굴 식물   126~130, 205
데모넬릭스   203~204
데카르트, 르네 Descartes, René   19, 24,
　　58~59, 62, 163, 172, 249, 263,
두족류   26, 96, 216, 219, 242~243
둥근 테셀레이션   71, 73, 77~79, 81,
　　87, 155, 319
뒤러, 알브레히트 Düer, Albrecht   57,

249~251
등각 나선 → 로그 나선
등비급수 251
DNA 54, 90, 93~94,
디오게네스 Diogenes 252
딕토돈 205
뚜껑 194~196

라우프, 데이비드 Raup, David 189~
  190, 192, 217
레오나르도 다 빈치 Leonardo da Vinci
  34, 229~230, 249, 259~260
렌, 크리스토퍼 Wren, Christopher 44,
  178
로그 나선 20, 30, 34~36, 38, 41,
  43~48, 57, 59~66, 68~69, 71~
  74, 77~78, 81, 103, 109~110,
  112, 114, 116, 130, 133~138,
  140~146, 153, 155, 164~165,
  171, 179~184, 187, 189, 193,
  196, 207~208, 210~211, 216~
  217, 219, 223~224, 231, 239~
  240, 242~243, 246, 249~251,
  269, 281, 307~309, 312, 319~
  322
로그 로제트 → 둥근 테셀레이션
로런츠의 법칙 236~237
르 코르뷔지에 Le Corbusier 34
리사주 도형 133~134
리투스 20, 131, 197~198

마엘스트롬 221, 224
매 68~69
머위 130~131

메르센, 마랭 Mersenne, Marin 57~59
메스칼린 313, 315
모즐리, 헨리 Moseley, Henry 184~
  185, 187, 189, 196
무플런 48
미궁 173~177

바이킹선 275~278, 281
바쿨리테스 43
밧줄 89~91, 128, 170~171, 264~
  265,
배비지, 찰스 Babbage, Charles 116,
  124~125
베고니아 130~131
베그뷔 암각화 속 낮배 278, 285
베르누이, 야코프 Bernoulli, Jakob 61~
  63, 179, 269
베르누이, 요한 Bernoulli, Johann 179~
  181
베른, 쥘 Verne, Jules 51
베어드, 존 로지 Baird, John Logie
  147~152
벨렘노이드 242
불변형 313~314, 316, 318~320
비슈누 296~301
비트루비우스 Vitruvius 256, 303~
  308
비행선 79,
뿔나선형 껍데기 182~183, 187,
  192~193, 217~218, 230, 232,
  309

사열선 82, 84~85, 87
사항곡선 112~114

살리그람실라 296~297

살파 265

상카 298~301

샤프만, 프레드리크 헨리크 아프 Chapman, Fredrik Henrik af 241~242

석면 169

세균 261~262

소라게 53

소용돌이 은하 100

소총 89, 92~93, 109

솔방울 82, 166

수족곡선 62

수차(터빈) 37~40, 97, 147

스미스슨, 로버트 Smithson, Robert 156~158, 209~210

스텔러레이터 93

스파이럴 케이싱 38~40

스피로그랍투스 투리쿨라투스 187

스피로라페 13~15

스피커 48~47

신개선 263~269, 274, 287~289, 306~309

쌍곡 나선 20, 109~110, 143, 179, 180~181, 147

아라베스크 129~130

아르키메데스 Archimedes 21~23, 60, 66, 89, 199~202, 256, 292

아르키메데스 이끼벌레 91~92

아르키메데스 나선 20, 23~25, 29, 38, 66, 89, 149, 152, 156, 185~186, 199, 211, 213, 231, 246, 249, 256~260, 263~265, 273~274,

287~288, 292~295, 306, 309, 322~323

아리스토텔레스 Aristotle 21, 117

아칸서스 스크롤 129

안개 상자 235

안티키테라 메커니즘 267

알베르티의 소용돌이 장식 307

암모나이트 28~29, 40, 43, 49, 95~97, 182, 192, 219, 232, 299, 321

암피드로무스 54~55

앵무조개 26~29, 35, 41~44, 46, 65, 81, 96, 116, 182, 216, 232

양치식물 130~131

에볼류트(껍데기 유형) 184

에스허르, 마우리츠 코르넬리스 Escher, Maurits Cornelis 73~74, 113

오른돌이(우권) 50~56, 82, 90~93, 103, 106~107, 127~128, 158, 194~195, 205~206, 258, 271, 279, 299~300, 324, 326

오른손 법칙 236

오이 126, 131~132

오일러 나선 283~286

오일러, 레온하르트 Euler, Leonhard 267

온석면 169

완족류 216~219, 253~255

왼돌이(좌권) 50~56, 82, 89~92, 103, 105~106, 127, 205, 261, 271, 279, 299, 324,

용암 소용돌이 228

우드헨지 174~176

월리스, 존 Wallis, John 44

웬트워스 톰프슨, 다시 Wentworth

357

Thompson, D'Arcy   48, 66

윌슨, 찰스 톰슨 리스 Wilson, Charles
　　Thomson Rees   234~235

유공충   55, 219, 231~233

유클리드 Euclid   21, 31~32, 116,
　　118, 201~202

은상어   312

은하   100, 102~104, 133, 136~
　　137, 158, 246~247, 281

이끼벌레   91~92

이매패류   192, 216, 219

이오니아식 소용돌이 장식   302~
　　304, 308~309

이중층   166~169

인벌류트(껍데기 유형)   184

잎차례   83, 87

〈자이로스태시스 Gyrostasis〉   210

장새류   14~15

전복   35

전적선   65

제논 Zeno   252

제마솔라 발전소   76~77, 87

제비동굴   106~107

주교 지팡이   281~283

줄리아 집합   164~165

진자   133~135

차분 기관   124~125

청동기   13, 93, 158, 173, 270, 274~
　　275, 278, 314

축폐선   62

카르핀스키, 알렉산드르 Karpinsky,

Alexander   310

카메로케라스   43~44

캠   25, 182

케찰코아틀   279~280

케플러, 요하네스 Kepler, Johannes   244,
　　246

켈빈·헬름홀츠 불안정   225~227, 229

코로나 질량 방출   294

코리올리 효과   222

코츠, 로저 Cotes, Roger   181, 198

클뤼버, 하인리히 Klüver, Heinrich   313

타르시엔 신전   271~272

타워 크레인   185~186, 295

타틀린, 블라디미르 Tatlin, Vladimir
　　156, 158

태양   76~77, 134, 139, 158, 160,
　　174, 227, 267, 270, 275, 278~
　　279, 294~295

태양선   279

태양풍   294~295

테아이테토스 Thaetetus   214

테오도로스 나선   213~215

텔레바이저   148

토리첼리, 에반젤리스타 Torricelli,
　　Evangelista   58, 60~61

토성   221

톱니바퀴   266~267

투르보   195~196

트리스켈리온   272~273

파브르, 장 앙리 Fabre, Jean–Henri
　　321~323

파슨스, 윌리엄 Parsons, William   98~

101
파슨스타운의 괴물   99
파이스토스 원반   273
파인먼, 리처드 Feynman, Richard   52
파커 나선   295
팔레오카스토르   205
페르마 나선   20, 87
포겔의 해바라기 모형   86
푸코, 레옹 Foucault, Léon   135
프랙털   97, 131, 164~165
프레넬 적분   283, 285
프로펠러   158, 261
플라스미드   93~94
플라톤 Plato   213~214
피들헤드   130~131

피보나치 나선   34, 210
피보나치 수열   32, 85, 88
필석   187

하모노그래프   109, 133~137
항정선   111~112
해바라기   81~82, 85~87, 128
헬리코이드   91, 256
헬리코프리온   310~312
헬릭스(입체 나선)   89~93
화성   178
환상 나선   93~94
황금 나선   31, 34~36, 210
황금 분할   31~32